天下文化

BELIEVE IN READING

# TheScaffold Effect

Raising Resilient, Self-Reliant, and Secure Kids
in an Age of Anxiety

# 鷹架教養

養成堅韌、耐挫、獨立與安全感
守護孩子長成自己的建築

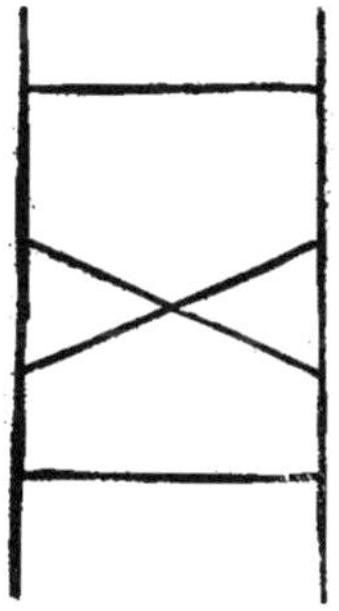

Harold S. Koplewicz
哈羅德・科普萊維奇——著
呂玉嬋——譯

**謹以此書獻給** Joshua、Adam **和** Sam

我一生中最大的快樂，就是當一個父親，我教養了三個兒子，但他們教了我更多。

## 目次｜CONTENTS



鷹架教養將孩子比喻為「建築」，做父母的則是圍繞建築的「鷹架」，提供建築過程中所需的架構、支持和鼓勵。鷹架父母為孩子養成堅韌、耐挫力與安全感，將來孩子便能長成堅固出色的獨立建築。

06 ─ 留在孩子的高度 151

孩子每一個成長的階段，都會有相應需要學習的事物及考驗；站在與孩子同高的地方，父母更容易貼近孩子看見的風景、理解他的感受，更能對等的交流，拉近彼此的距離。

07 ─ 讓孩子自主成長 183

孩子一路成長與學習，最後會發展成什麼樣貌，父母不一定能預料。但是，父母不需要提前安排，更不該控制及阻止，過度干涉只會揠苗助長。讓孩子自己嘗試、失敗和學習，將這一份自主權留給孩子，欣賞他本身的樣貌。

08 ─ 培養力量 215

培養孩子內在的力量來應對外在世界給他的衝擊，在孩子勇於嘗試的過程中多給他鼓勵，讓他感受自己有能力勝任，對自己有所期許；久而久之，他的信心會更飽滿、勇氣更茁壯，也更加堅毅、強韌。

09 ─ 設定切實可行的規則 243

讓孩子自主成長，不代表完全放任；給予客觀具體的規範，可以引導孩子對於行為處事有正確認知。其中關鍵在於，規則清楚可行、違規的處罰符合比例原則，且父母的態度平靜而堅定；畢竟規範是為了導正孩子的行為，而非給他們苦頭吃。

277 10 無條件的支持

每個孩子都會有他自己的旅程，父母要引導他們自己做決定，並接受他們的優勢與缺陷可能與你的期待不同。讓孩子知道你會無條件支持他們，同時也感謝自己無條件接納孩子。

303 11 修復和減少裂縫

在陪伴孩子成長的漫漫旅程中，難免發生問題或是發現做得不足的地方；內疚是不必要的，這時要緊的是處理與面對，你付出了許多努力，而這份努力是最重要的事。

329 結語・當鷹架拆除時

鷹架本來就不會永久存在，當孩子準備好了獨立自主，鷹架就可以功成身退。拆除鷹架是父母的榮耀時刻，你並沒有離孩子遠去，只是退後一步，欣賞你守護著長成的出色建築。

338 謝詞

343 注釋

# 各界讚譽

哈羅德·科普萊維奇綜合了基於科學研究、醫學實證和身為人父的經驗，懷著關懷之心，帶領讀者領略鷹架教養的藝術：從幼兒期到重要的青春期，最後走到教養之路的終點，這時我們拆除鷹架，看著孩子帶著善良、力量和安全感，走入更廣闊的世界。

**丹尼爾·席格**（Daniel J. Siegel, MD），腦神經與兒童心理醫學權威、加州大學洛杉磯分校教授，暢銷書《不是孩子不乖，是父母不懂！》、《教孩子跟情緒做朋友》作者

---

科普萊維奇醫師寫了一本引人入勝的親子教養好書。健康的成年人不是「碰巧長成這樣」，他們之所以長成了健康的成年人，那是因為父母給了他們堅固的地基，讓他們在安全和自信中成長，科普萊維奇醫師一步步說明這種地基的最佳建造方法。

**瑪德琳·勒文**（Madeline Levine, PhD），臨床心理師、史

丹佛大學「挑戰成功（Challenge Success）計畫」共同創辦人，暢銷書《焦慮世代的安心教養》作者

---

結合了個人經驗和專業見解，科普萊維奇醫師打破傳統觀念，給讀者帶來一些令人大開眼界的驚喜，也向父母們傳遞了一個非常令人安心的訊息：如果我們照顧好自己，孩子就會沒事。

**朱迪思．華納**（Judith Warner），美國暢銷專欄作家、著有多部暢銷書及傳記《希拉蕊傳》

---

在《鷹架教養：養成堅韌、耐挫、獨立與安全感，守護孩子長成自己的建築》中，字裡行間充滿著對孩子和他們的父母的理解與同情。哈羅德．科普萊維奇將科學、臨床經驗以及個人家庭經驗結合，寫出一本實用又仁慈的好書。

**佩莉．柯來斯**（Perri Klass, MD），紐約大學兒科醫學和新聞系教授，美國婦女圖書協會獎得主，《*A Good Time to Be Born*》作者

---

兒童精神病學的巨擘科普萊維奇，將他淵博的知識、智慧和經驗濃縮成一個切實可行的計畫。《鷹架教養：養成堅韌、耐挫、獨立與安全感，守護孩子長成自己的建築》會立刻成為經典之作，是我們所有人的天賜之禮。

**艾德華．哈洛威爾**（Edward M. Hallowell, MD），哈洛威爾認知與情緒健康中心創辦人、注意力不足過動症（ADHD）專家，著有相關著作超過二十部

---

教養建議如同鐘擺，每隔幾年就從一個極端時髦的位置擺盪到另一個極端，《鷹架教養：養成堅韌、耐挫、獨立與安全感，守護孩子長成自己的建築》則位在一個極其合理且穩定可靠的位置。這是一本適合各個年齡的書，列舉生動的例子，說明鷹架教養歷久不衰的功效。這是在孩子成長（並逐漸離我們遠去）時支持他們的最好方式。

**溫蒂．莫傑爾**（Wendy Mogel, PhD），臨床心理師，美國知名親職教育專家，暢銷書《孩子需要的9種福分》作者

# 國內專家力薦（依姓氏筆畫排列）

**陳志恆**（諮商心理師、暢銷作家）

**彭菊仙**（親子作家）

如果父母的任務是要把孩子培育成一座偉岸的建築，那逐級而上的鷹架，得以提供這建物的支持，絕不可少。這可能是家庭內的價值與信念、為人處事的準則，到做事學習的策略，甚至難以述說的陪伴之愛，有形無形的「鷹架」，串接出孩子的成長到成熟。而父母的耐心和關懷，架構出引導和指示，終能讓孩子在穩定的地基中，發展出他獨特的建築。

**顏安秀**（國小校長、親子作家）

推薦序（依來稿順序排列）

# 搭一座穩定的鷹架，給孩子支持，做孩子的典範

洪蘭（中原大學、臺北醫學大學、中央大學講座教授）

唐代詩人王之渙在〈登鸛雀樓〉中說：「欲窮千里目，更上一層樓。」要登高得要有梯子。這個梯子就是本書作者說的鷹架。鷹架搭多高，大樓就能蓋多高。

因此這本書的宗旨就在教導父母如何搭一個穩定不會倒的鷹架。雖然作者在孩子成長的每一個階段所提出的鷹架不同，但是基本的結構卻是相同的，即好的生活習慣、流暢的溝通方式及合理的家庭規範。

鷹架的核心在於穩定，不管什麼材料做的樓梯，最基本的要求都是穩定，因此底盤很重要，上述的三點都必須從小打根基。

為什麼要從小做起呢？這裡有大腦神經機制的關係：一個行為的產生是大腦中無數相關神經元連接所形成迴路的結果，而神經元的連接有一個特性就是連接的次數愈多，神經元之間的連接愈緊密，行為就愈容易出現，當這個行為（如走路）成為自動化後，它就不再需要大腦的資源去操控，意念一出，行為就出現了。因此古人說「慎於始」，只要在行為剛

出現時，教導他正確的方式，他做久了就成為習慣。

我看過一個三歲的小朋友，進入幼兒園後，會把鞋子脫下放入鞋櫥，也會把吃完的盤碗端進廚房，踏上板凳把它放入洗碗槽。當我面露驚訝時，園長說：「不要低估孩子的能力，他們可以做，只要你懂得怎麼教。」

這個「怎麼教」也是本書作者著墨最多的地方，因為教青少年和教小寶寶不同，這個不同就是作者在鷹架理論中的「支持」，換成普通話就是「同理心」，小寶寶摔跤了，你抱抱他，說：「媽媽吹吹膝蓋，把痛痛吹走你就不痛了。」青少年失戀了，你不能用同樣方法，你要安慰他說：「塞翁失馬，焉知非福，下一個會更好，不要去怪別人，要想辦法提升自己的內涵，花若盛開，蝴蝶自來。」但是作者強調，一定要訓練孩子為自己的行為負責，不去怪別人，因此孩子考不好，父母不要去怪孩子笨，而是提醒他去檢討一下：為什麼這次沒考好，是太自信，覺得自己已經都會了嗎？還是時間沒有分配好，來不及複習？找出原因就不會有第二次的失誤。

作者在書中也一直強調溝通方式的重要性，告訴家長不要用否定句，不可用「不要」做每一句話的開頭，「不要再浪費時間了」、「不要再吃垃圾食物了」；而是改成肯定句，「我很高興你今天有自動自發的做功課」、「我很高興你今天有吃青菜」。

「不要」這兩個字會激發孩子的「防禦機制」，你愈說不要我偏要。但肯定句會讓孩子覺得是他自己要做而不是被父母逼的，下面有一個很好的溝通例子。

春秋戰國時，孫叔敖任楚莊王令尹，莊王要把馬車車底提高以利奔馳，想直接通告全國提高馬車底座，孫叔敖說：「不可，人民已經習慣了坐這種低矮的馬車，一下子很難改變，若強令執行，會惹民怨。」於是他就宣布：「根據天文曆法，今年會有大水，請各戶百姓將門檻加高。」

老百姓都怕洪水，立刻自動自發的將門檻加高，但這樣一來，馬車就進不了大門，所以又紛紛把車底升高。半年後，楚國所有的馬車都全部改造完畢。所以一個好的溝通不是命令孩子去做，而是讓孩子以為是他自己要做。

教養難題是現代很多夫妻不敢生孩子的原因之一，其實教養不難，只要記得「孩子不會照父母想要的那個樣子長大，他會按照父母本身的那個樣子長大」，父母以身作則，給孩子一個模仿的典範，教養自然成功。所以才說重點在「慎於始」：小時候養成孩子做事的正確態度，父母平日盡量參與他的生活並保持親子溝通的管道暢通，這就夠了。

你會發現你給孩子搭的鷹架，即使他成年了，還可以繼續幫助他登峰造極，支持他發展出他的天賦。

推薦序

# 做為鷹架媽媽，我很幸福！

溫美玉（「溫老師備課 Party」社群創始人）

曾經有人問：「溫老師，如果人生可以重來，你還會選擇當媽媽嗎？」我的答案是：「Yes，當然！」我不僅想當媽媽，而且想與三個女兒再續前緣。聽到我這麼篤定，也許你會以為我的教養經驗多麼成功，所以才想舊夢重溫，其實答案正好相反。

我自己在學校擔任教師職務超過三十年，看遍各種家庭的教養方式，我發現，即使再成功的父母，也都承受著或大或小的磨難與危機。即使自己當老師，也逃不了突如其來的教養襲擊。老大國二拿回一張記過單，學校要家長簽名；老二在小四數學竟然考了不及格；老三國中全班跟導師不合想轉學，高中時舞蹈班又念不下去……，然而，我一直都堅信這些不會是教養的厄運天花板，危機一定有機會化為轉機。

對於教養遭逢的各種困境，為什麼有人打死不再走這麼一遭，而我卻樂在其中？我想差別在於當家長的我們，身心靈是否具備「正向調節機制」。

而我所謂的「正向調節機制」，就是《鷹架教養》這本書裡提到的「架構、支持和鼓勵」

等鷹架支柱，而且這些內在機制首先要應對的不是孩子，而是成為父母的你。

教養沒有捷徑，更沒有人能夠全身而退。這本書裡的每個真實個案不僅揭露了不同的家庭困境，更教導我們放下當完美父母的執念，好好給自己鷹架支持，也無意間讓父母在理解與幫助孩子過程中，成為了更好、更有自信的自己。

就如書中提醒家長如何欣賞孩子，有這麼一句話：「我不喜歡你說的話，但我很喜歡你的好口才！」如果能以如此成熟的態度對待自家孩子，相信在面對自己的人生時，無論多大的關卡也都能從容以對。

書中一再提及，教養孩子要先從父母親思維改變開始，再擴及身邊的孩子，自己走過一遍認知與行為改變之路，才能發展出真實的同理與包容。就像書中把孩子比喻為建築物，父母就是四周搭起的鷹架，當孩子的建築碎片掉落時，鷹架需要非常堅固，否則接不住碎片，更可能讓整個建築群包括鷹架和建築倒塌。

那麼，如何幫自己和孩子搭起一座穩固的鷹架呢？

書中每一章節都提供了可行的方法，而且適時提供檢核表，例如：你有親職倦怠嗎？你的孩子是精力過剩還是過動症？接著就是細項的內容勾選，讓讀者可以一面讀，一面有意識的進行自我評測。

另外，我最愛的是每個章節提供的「耐心、關懷、覺察、冷靜與追蹤」這幾項設計，彷佛教養鷹架的踏板般，讓執行的提示非常具體。例如：第七章「讓孩子自主成長」，什麼叫作具備「耐心」？怎麼適切「關懷」？有「覺察」的父母會有什麼樣的思維？如何冷靜看待失敗？這裡的「追蹤」為何迥異直升機父母的作為？

最後一個篇章是〈當鷹架拆除時〉，讀到這裡我幾乎看見自己走過的身影啊！

為人父母若是鷹架，那麼鷹架遲早需要拆除，因為它其實撐不住建築主體的重量，也遮住了建築物完成後的樣貌。很慶幸我的三個女兒早早就請我放手，她們自己擁有了自己的建築物，不管好壞美醜，都是她們親手搭建的。而拆除鷹架之後的我，也已經動手再搭蓋屬於我自己的新建築，展開美妙的新生活了。

作者在獻詞中的這句話簡單樸實，卻道盡這本書的真義：「我一生中最大的快樂，就是當一個父親，我教養了三個孩子，但他們教了我更多。」讀完此書，我更確認在教養上所謂的「快樂」，就是重生與瞭然，也是為何人生若能再次選擇依然想當媽媽的理由。期待所有為人父母者，也能如此幸福自得。

推薦序

# 先給自己足夠支持，才能成為孩子的穩固鷹架

鋅鋰師拔麻（臨床心理師）

幾年前我剛生完大寶不久，有一次，在一個催眠治療的專業培訓中，我和另一位年約五十歲的老師同組，要練習輪流扮演催眠者與被催眠者，過程中對方詢問我當時生活中的壓力與困境，我說：「身為新手母親，我有時感到筋疲力竭，在體力上、時間分配、心情上，甚至與家人的關係，都遇到前所未有的挑戰，照顧孩子有時候相當挫折無力……」對方聽到這些描述，不等我說完，便回應：「你不可以這樣想，你要想自己何其幸運能擁有一個孩子，成為母親是一個女人一生最大的福氣！」我聽了這些「安慰」既驚訝又難受，我的情緒沒有被接住、真實的想法與感受遭到了否定……

無獨有偶，那陣子網路上出現了一篇文章，標題大概是：「我深愛我的孩子，但如果人生重來一次，我不會選擇生孩子！」文章內容描述了成為母親後，生活、自我的重大轉變與衝擊，讓我驚訝的是，文章下的留言竟有許多批評謾罵，我甚至看到自己認識的朋友寫道：「你媽看了你的文章，一定很後悔生了你這樣的女兒！」

後悔生養孩子的家長，不代表沒有愛或是不會疼愛、善待自己的孩子，而是反映了他們育兒的無力與困境。指責疲倦的父母、否定他們的感受想法，不會改善親職倦怠或少子化的問題，唯有透過真誠的聆聽與同理，理解每個家庭、每位父母遇到的挑戰，才能協助彼此在育兒的路上尋求資源、建立連結，創造一個更友善的育兒環境。

當我們夫妻收到天下文化邀請推薦本書時，我便對「鷹架教養」一詞深感興趣，想到了一百年前心理學家維高斯基（Lev Vygotsky）提出的「鷹架理論」，也好奇一百年後的今日，作者哈羅德・科普萊維奇醫師，如何詮釋鷹架教養？

沒想到翻開書本沒多久，我便被作者的文字深深療癒。科普萊維奇醫師將「穩固的父母」放在首位，並用了不少的篇幅討論現代父母應如何好好關懷照顧自己，唯有父母先為自己搭建穩定的鷹架，才有餘裕成為孩子成長的鷹架。

此外，作者的臨床經驗相當豐富，書中可以看到不少引起讀者同感共鳴的教養困境，我邊讀邊想著：「原來我們不孤單，美國的父母也會面臨一樣的難題啊！」

除了自身經驗分享與精采的臨床故事外，科普萊維奇醫師將晦澀難懂的心理學、腦科學知識，轉化為清楚可行的實用技能；更善用譬喻，把抽象的教養概念透過建築、蓋房子的比喻，使讀者更能清楚明白其中意涵。

這是本含金量很高的教養書！有作者身為臨床醫師與父親角色的觀點看法、有心理學、腦科學的研究知識、有豐富貼地的臨床故事，更有具體可行的教養技巧，我們誠摯推薦給在育兒路上徬徨焦慮的父母，特別是經常因為教養孩子感到身心俱疲、挫折沮喪的你。相信這會是一本讓你重新得力、迷霧中找到方向的教養好書！

願我們都能成為好好協助孩子長成他自己欣賞的模樣的穩固鷹架！

# 序言・理想教養的願景

# Introduction

最近一對父母帶孩子來找我，因為他們讀一年級的六歲兒子亨利被踢出了學校。原來，有次上閱讀課時，亨利覺得很挫折，就開始拿鉛筆扔同學，還像大猩猩一樣對同學咆哮。老師非常緊張，校方告訴亨利的父母，亨利要接受過專業評估才能回去上學。

亨利長得像個天使，父母是美國典型的俊男美女，身材高䠷，與人握手堅定又有力。但亨利容易衝動，還被踢出教室這件事，顯然令父母不安又尷尬。他們擔心孩子有注意力不足過動症、焦慮症或行為問題。亨利的父親問：「學校是不是反應過度了？」

這正是我們要釐清的問題。

我和亨利聊了幾分鐘，就知道他的語言能力非常好。一開始他很害羞，但是聊到夏季運動時，他的眼神亮了起來。最後他透露了那堂課氣炸的原因：鄰座同學取笑他寫字很慢，還罵他「笨」。我拿出一本書，他想讀，但很明顯他缺乏文字解讀能力，也就是不能把字母和特定的發音連結起來。亨利承認自己動作比其他同學緩慢，而那句「笨」戳中了他的痛處。

我們很快就確定了，亨利沒有行為問題，而是有某種讀寫障礙（dyslexia），他的母親和祖父也有同樣狀況。從學前班到一年級，亨利已經上學兩年了，我不知道為什麼老師們都沒有發現這件事。不過重點是，他需要接受診斷評估，包括以專業測試評估他的學力優勢和缺陷，尤其要注意他的閱讀技能以及矯正方法來解決這件事。讀寫障礙是可以治療的，接受幫助後，這伶俐的孩子一定能夠學會閱讀。

諮詢結束時，亨利的父母已經有了著手解決問題的計畫，亨利自己也感覺自信多了。我們討論的策略主要是支持（包括從治療和情感兩方面著手），不只要教他面對學習障礙所造成的實際問題，也要教他和他的父母接受這件事。離開前，亨利抱了抱我，問說我們什麼時候能再見。

從第一次諮詢後，幾個月過去。亨利正在上一門利用多感官方法閱讀的密集課程，且經過專業鑑定，他考試時有資格延長時間。除了學習閱讀以外，他也學習接受讀寫障礙不是件可恥的事，明白這是自己的一部分。雖然他閱讀總是需要比別人多花一點時間，但他將能做出必要的調適。

幾年後，當他需要參加SAT考試申請大學時，他可以申請延長作答時間，此外，他將擁有這十年的時間管理訓練，及克服挑戰累積而來的信心，就某種意義來說，這段艱苦的過程，為他帶來比沒有學習障礙的同儕更萬全的準備。

亨利父母的角色是引導他接受、承認自己的問題，瞭解他的需求，教導他如何妥善處理狀況。總之，他們會從小開始訓練他做一個成年人。在父母這樣的引導下，亨利將會把短處、弱點化為力量。日後對這家人來說，「笨」又糟的那天，就只是個小插曲。類似故事我看過太多了。

然而，如果亨利的父母堅持那沒什麼問題（這是許多人在難過、尷尬或捍衛自我時的反應），用轉學或責怪老師來面對這件事，亨利的問題只會變得更糟，他的人生軌跡也會有所不同。如果不加以治療，讀寫障礙可能會導致自殘、自殺和反社會行為，進入少年司法系統的孩子中，有百分之七十有讀寫障礙。

如果他的父母反應過度，走到另一個極端，把亨利看成永遠無法獨立的「瑕疵品」，將會對他構成嚴重傷害。幸好，亨利的父母雖然不樂見這種情況，但把自己的不安放到一旁，為兒子提供需要的協助，亨利和整個家庭將不必面臨一連串潛在的嚴重問題。

我決定專攻兒童和青少年精神醫學，為的是能在一個人的生命初期就開始預防問題、減少痛苦。我可以在孩子不健康的模式根深柢固以前，用六個月的治療顯著改善他的特質和行為。這也是我二〇〇九年成立兒童心智研究所（Child Mind Institute）的初衷，替受苦的兒童和家庭提供早期且有效的照護。我確信我們社會需要一個非營利獨立機構致力於兒童心理健康，以面對公共健康危機。根據兒童心智研究所兒童心理健康報告的調查，全美有一千七百萬名十八歲以下孩子，可被診斷出有心理健康障礙，也就是五人之中就有一人。受心理疾病影響的孩子，比受哮喘、花生過敏、糖尿病和癌症影響的孩童總數還要多。然而，由於錯誤的資訊和社會汙名，有三分之二的人完全得不到幫助，致使輟學、藥物濫用、自殺傾向，甚或嘗試自殺的風險增加。

兒童心智研究所在紐約和舊金山灣區兩地設有臨床中心，我們的臨床醫師團隊每天都在與需要幫助的孩子及他們的父母互動。我們已經改善了來自美國四十八州、四十四個國家、一萬多名孩子的生活，也一直在尋找創新的方法，協助更多有需求的孩子。透過校園及社區計畫，我們已經讓全美各地十萬多名兒童受惠。我們的網站childmind.org，每個月與兩百萬以上的訪客互動，提供解答和帶來希望。我們提出最前沿的開放科學研究計畫——心理健康障礙的生物標記偵測，藉以改革相關診斷與治療。為了加快研究的腳步，我們無償與世界各地成千上萬的科學家分享這些數據。

兒童心智研究所的願景，是一個沒有任何兒童承受痛苦的未來，為解決這項危機，我們也推動橫跨學術研究、醫學和社區活動的社會運動。

不過，我們最重要的盟友還是家長。儘管我們為狀況各異的個案提供大量照顧，仍無法忽略來自家長的普遍問題和擔憂，他們都擔心自己做錯了什麼會傷害到孩子，擔心為孩子做得太多，或者做得不夠。他們不知道該對孩子更嚴厲，或孩子並沒有堅強到能承受。無論他們走進兒童心智研究所的原因為何，都懷著潛在擔憂：孩子長大之後能自立嗎？

每一天，我們都收到新數據和新研究：大學畢業生搬回家長住，父母繼續金援孩子，直到他們二十多歲和三十多歲（甚至到更大的年紀）。許多父母告訴我，他們擔心孩子無法靠自己面對生活中的挑戰。「萬一我出事，不能替他擺平一切，那該怎麼辦？」他們問。

我理解父母的恐懼和沮喪。孩子出生前，他們幻想會養出一個總統、神經外科醫師，或者藝術家。即將為人父母者，對未來抱著美好的憧憬很正常，像是互相打氣的擁抱，坐在禮堂前排看著孩子而感到驕傲的時刻，和一些值得上傳Instagram的美好度假時光。喜悅在父母們期待中，而問題似乎總來得措手不及。

無論孩子是否有心理健康障礙，做父母的都是如此。現代父母要擔心的事太多了，從社交媒體上的霸凌、YouTube流傳的危險挑戰（比如，吞洗衣膠囊），到想要進好學校日益龐大的壓力與競爭，即使是人生勝利組的父母也不例外——「大學藍調行動」（Operation Varsity Blues），女演員霍夫曼（Felicity Huffman）和洛夫林（Lori Loughlin）都捲入的大學入學舞弊醜聞就是一個例子。你聽過的「直升機父母」、「掃雪機父母」、「接待員父母」和「虎媽」，哪種做法是正確的？是權威還是放任？或者介於兩者之間？

如何養出情緒健康又勇敢獨立的孩子，父母未必會往正確的地方尋找指引。他們如果請教「Google醫師」，會即時得到大量資訊，但這些資訊不一定實際、實用或符合最新的研究結論。兒童心智研究所臨床醫師每天都得和父母討論網路言論，我不怪大家上網搜索，他們可能急於求知，運用手邊的工具，但這些工具並不保證有受過專業訓練的專家驗證和認可。媽咪部落客的結論不一定有科學依據。孩子和父母亟需造就力量的辦法，且是經研究證實，能在日常生活中培養才能和韌性，同時能預防焦慮和憂鬱的策略。

「如何培養孩子成為獨立的成年人？」同樣的擔憂和疑問，不斷被我們個案的家庭提出來。因此我和我們的臨床醫師同心協力，制定出一套教養指南，它適用於每個家庭，也適用於不同年齡和發展階段的孩子。

這任務可不小！但話說回來，還有誰比我們更適合呢？

兒童心智研究所的臨床醫師和我加起來，有幾百年與家庭合作的資歷。我與一群優秀的同事交換意見，在本書中系統化闡述有凝聚力的教養策略。他們（詳列如下）具有卓越的知識廣度和深度，無論是做為臨床醫師，還是身為父母，他們都有無與倫比的豐富經驗。

- David Anderson, PhD，全美計畫和推廣活動資深主任，兒童和青少年過動症及行為障礙專家。
- Jerry Bubrick, PhD，焦慮障礙中心資深臨床心理學家，強迫症科主任。
- Rachel Busman, PsyD，焦慮症中心資深主任，選擇性緘默症科主任。
- Matthew M. Cruger, PhD，學習和發展中心資深主任。
- Jill Emanuele, PhD，情緒障礙中心資深主任。
- Jamie M. Howard, PhD，焦慮障礙中心資深臨床心理學家，該中心創傷療癒科主任。

- Stephanie Lee, PhD，過動症和行為障礙中心資深主任。
- Paul Mitrani, MD, PhD，紐約市臨床中心主任，兒童和青少年精神病學家。
- Mark Reinecke, PhD, ABPP，舊金山灣區臨床中心主任，資深臨床心理學家。

我們在本書中教給父母們的策略，是建立在科學研究、身為臨床醫師的第一手經驗，以及個人為人父母經驗的基礎上，為的是鼓勵積極主動及自發精神，這有助於孩子處理眼前的問題、預防未來的難關、培養克服困境的韌性、發展出強壯獨立的性情，他們就不會過度依賴父母為他們解決問題。

愈早教導這些策略，孩子的狀況就會更好。

我們的理念是，良好的教養不是拯救孩子，而是教導他們如何善用應對工具，鼓勵他們為正確的情況選擇正確的工具，讓他們能靠自己的力量茁壯成長，從容面對不可避免的挫折。孩子不可能事事順利，但他們應該勇於嘗試，父母應該教他們如何嘗試。良好的教養也包括給予孩子支持，讓他們在失敗和成長時不會傷到自己。如果不引導孩子自己做決定，即使是錯誤的決定，那麼孩子也學不會如何做出更聰明的決定。百般縱容或嚴格管控都不是理想的教養方式。

那麼什麼才是理想的教養方式呢？

從理念上和實踐上來說，最佳辦法是培養出具有韌性又懂得替自己發聲的孩子，如此一來，孩子就能應付壓力，從錯誤中學習，而這就是我們所謂的「鷹架教養」(scaffold parenting)。父母是孩子成長過程中的鷹架，提供架構和支持，在孩子身邊保護他們、指導他們，但不阻礙學習和冒險。

從抱寶寶回家的那一刻起，你就開始搭建鷹架的架構，進而為他們打造一個提供支持的環境。鷹架教養的指導從四、五歲開始，這個年紀的孩子開始與社會互動，面對挑戰，但是鷹架所提供的支持和鼓勵，會從兒童期、青春期，一直持續到成年初期。在本書每一章中，我將會闡明教養兒童(四到十二歲)和青少年(十三到十九歲)的具體引導。隨著孩子逐漸成長，你的鷹架也會修修改改，以滿足不同的需求。不過，基本理念是不變的，你的鷹架之所以存在，是為了提供架構和支撐，而非控制或營救。

我們在臨床醫療上服務過成千上萬的孩子，因此我有很多例子說明鷹架支持如何幫助像你們一樣的家庭。

本書故事都來自真人實事，不過為了保護這些家庭的隱私，我更動了名字和身分等細節。無論你的孩子是否被診斷患有疾病，我相信你會在書中找到與這些家庭的共同點，從他們的經驗中獲得寶貴的見解。

鷹架教養策略比起在以往更有意義。因為即使是身心最健康、父母最穩定的孩子，也承受著比過去幾個世代更多的壓力。他們父母的工作時間愈來愈長，不得不依賴網路為虛擬保母。俗話說：「養育一個孩子，需舉全村之力。」由多代同堂的家庭和左鄰右舍構成的「村子」，就算還沒有完全消失，也正在迅速減少。而那些錯誤的教養方式，似乎只是設計來增加孩子的焦慮、依賴和無能；過度縱容和專制獨裁的教養，也不是解決問題的辦法。

鷹架教養是最有效的方法，它鼓勵孩子爬得更高、嘗試新鮮事物、從錯誤中成長，而父母則提供牢不可破的支持。

鷹架教養適用於來兒童心智研究所諮詢的家庭，也適用於你的家庭。

# 教養建築學——認識鷹架支持

# 01

## The Architecture of Parental Support: Understanding Scaffolding

一九七六年，美國心理學家布魯納（Jerome Bruner）率先把「鷹架支持」（scaffolding）比喻為教養孩子的最佳之道。他提出合作學習理論，例如，學生學習一項新的數學技能時，家長或老師必須指導學生，一旦孩子掌握了技巧，家長或老師就停止指導該項任務，繼續下一個任務。

我們採用布魯納博士的鷹架支持核心理念「一個權威者引導孩子走向獨立」，並將之擴展後重新定義：這是一種父母的支持和引導，不只在教育情境下適用，也能在孩子的情感、社交和行為生活中發揮作用。

父母做為孩子的鷹架——這樣的比喻既明瞭又簡單，也很容易想像出畫面。你可以這麼想：孩子是「建築」，做父母親的你是圍繞建築的鷹架，鷹架的目的是提供支持和架構，不是禁止孩子往特定方向或風格發展。能發揮功效的鷹架都必須有垂直的支柱和水平的踏板，這樣的組合才能讓整個結構安全牢固。

鷹架與建築以同樣的速度往上加蓋。

在一開始的幾層「樓」，鷹架較寬，打下承重和加高的堅固基礎，隨著建築愈蓋愈高，鷹架的重要性會愈來愈低。

如果建築有什麼東西掉下來，鷹架會及時接住，快速修補。最終，建築竣工，能夠完全獨立屹立，父母鷹架就可以拆除了。由於建築不同部分可能不會在同一時間完工，所以鷹架可能會一次拆卸一部分。若有需要，拆下的部分鷹架仍舊可以搭回去。

## 鷹架支柱

做為父母，你所有的決定和努力，構成你的教養鷹架三大支柱——架構、支持和鼓勵。依靠這些支柱，你增強孩子的自信、自尊和面對問題的能力，讓他們長大成為能夠支持自己、鼓勵自己和為自己提供架構的成年人。你為孩子搭建鷹架，最終他就能給自己搭建鷹架。

**架構：**包括常規、溝通方式、家規、思考方式，這是你鷹架的全部基礎。要培養孩子的安全感，首要的是家中要有一些可以預測的常規，像是睡覺時間、作業時間，或者固定培養家庭親密感的時間，比如，週日的早午餐或是週五的電影之夜，違反規定有固定的限制或後果，不管孩子是否有需求，父母都要給予幫助和關注。當孩子年幼時，建立一個有架構的家庭環境，你就能成為一個穩定的榜樣，穩定是一個成功的成年人少不了的特質。

此外，這會在你與孩子之間建立提供安全感的情感連結，這個連結在他們成長過程中會逐漸變強變穩定。

**支持：**包括了同理心和肯定孩子的情緒。孩子的感受需要被傾聽、被肯定，而不是被一味的批評或否定。如果父母對孩子說「這有什麼好哭的」，等於否定了他們的情緒，讓他們從根本懷疑自己。他們的感受並沒有錯，他們就是這種感覺，被教導說出自己的情緒並與父母公開討論的孩子，能學習到如何處理不容易面對的情緒，有助於他們從受拒經驗和失敗中站起來。他們較不會出現心理問題（如焦慮和憂鬱），否則這些問題可能會在成年後困擾他們，對他們的人際關係和事業產生負面影響。提供支持也代表在必要時干預，孩子如果需要家教或治療師，別等到情況嚴重了才請專業人士處理。最後，給予支持代表提供指導。孩子可能需要幫助，才能學會一系列的技能——從準備考試到結交朋友。

身為鷹架，你的作用是指導和指示，但絕不是接手幫孩子做他的工作，你可以把輔導孩子數學的工作委託給家教，但是不該雇請外人指導他生活技能和價值觀。最有力的支持是直接來自於父母。

**鼓勵：**是溫和的促使孩子嘗試新事物，勇於冒險。孩子難免會失敗，當他們失敗時，與他們討論失敗的「原因」，讓他們能夠再次鼓起勇氣。瞭解出錯的原因，明白可以改進的地方，孩子就能夠再次興奮的跨上單車、登上舞臺或站到運動場上。若你不鼓勵孩子冒著可能失敗的風險去嘗試，那是在教導他們害怕和依賴。

在這個過程中，你要樹立榜樣、教導孩子正向行為、給予回饋、糾正他們的錯誤、激勵孩子的勝任感。樹立榜樣不會養成依賴，反而是鼓勵獨立。我們在個案中，見到許多人承受痛苦與折磨，如果父母可以重視鷹架支柱，那些痛苦和折磨都是可以避免的。

**鷹架踏板**

你的鷹架踏板是耐心、關懷、覺察、冷靜和追蹤。你站在這些踏板上，支持孩子成長為你引以為豪的成人。我們在家裡與自己的孩子使用這些踏板，也輔導過無數父母這樣做，成效斐然。

**耐心：**堅定不移，即便你同一課內容必須一遍又一遍的講解。

**關懷：**樹立同理心、關愛和善良的榜樣。即使是在給孩子設下限制時，也要表現出你的愛和同情。關懷能夠培養出獨立的孩子，這好像與你的預期不一樣，但科學證據已經證明了這一點。

**覺察：**瞭解孩子情感上與實際上的需求和動機，還有你自己的。

**冷靜：**不管你有多沮喪，也不管為人父母有多困難，千萬保持冷靜。

**追蹤：**密切留心孩子的情況，確保你的支持對他有利。

## 鷹架策略

與原本用於建築的鷹架一樣，教養的支撐架是靠著一定的策略搭建起來的。在教養的領域，我們有十大策略，教你用最好的方式提供架構、支持和鼓勵三大支柱，並善加運用你的鷹架踏板技能。採用我們的策略，你也能把孩子培養成堅強能幹的大人。

後面各章（二到十一章）會詳細介紹為何是這些策略及實踐方法，在此我們先概覽這十大鷹架策略。

**父母的安全第一：**照顧好自己，是鷹架教養的基本技能。你的鷹架要是不安全，當孩子的「建築」的碎片掉落時，它不夠堅固，接不住碎片；它也不夠穩，引導不了建築往上增建。如果鷹架搖搖晃晃，一個不小的危機就可能讓整個建築群，包括鷹架和建築都倒塌。

**畫一張新的教養藍圖：**藍圖在建築學中是指工程技術繪圖，是一張平面的結構設計圖，任何建築工程都是從這樣的平面圖開始的。我們的大腦是我們行為的藍圖，經過數百萬年的演化繪製而成，只是大腦藍圖的某些方面過時了，對於現代生活沒有太大意義。要搭建適合現代教養的鷹架，必須捨棄老舊過時的藍圖，畫一張新藍圖，新藍圖有開放式空間規畫，少了幽閉恐懼，多了足夠的空間擴建加蓋。

**打下堅實的地基：**親子關係是地基，你在這個基礎上搭蓋鷹架。如果地基是由情感互動、正向增強（positive reinforcement）、明確訊息和一致規則的混凝土澆築而成，孩子就會在堅實的地基上安全長高長大。如果地基是由劣質混合物澆築而成，比如情感疏離、負向增強、模糊訊息和反覆無常的規則，那麼孩子是在不安全的地基上掙扎著成長。

**保持穩定：**即使你已經確認自己的安全、畫好美麗的藍圖、打下了堅實的地基，生活中也有一些時候，你的鷹架以及孩子的建築會被你無法控制的狀況搖動。在這些不幸且不可預見的情況下，鷹架如果無法保持穩定，孩子會很脆弱，暴露在他們還沒有發展出處理能力的情緒和經歷中。但是如果你擰緊所有的鷹架螺絲，釘好板條，你可以引導孩子度過動盪的時期，讓他們自信、安全且穩當的走出困境，準備好面對下一個挑戰。

**留在孩子的高度：**試想一下，你在一棟房子的一樓，想要和屋頂上的人說話，很不容易，對吧？屋頂上的人好像是「居高臨下」對你說話，不然就是大聲喊叫，他可能覺得這樣說話實在太麻煩了，距離太遠，你們很難互動溝通。現在想像孩子的建築和你的鷹架在同一高度，你們可以直接近距離交談，看著對方的眼睛，這樣的溝通才有效。要建立並維持開放的溝通渠道，請讓你的鷹架與孩子的建築保持在同一高度。另外，也要做到誠實與可信。

**讓孩子自主成長：**孩子學到了新技能，他的建築就會增高擴大。學習代表著嘗試，一定有失敗的時候，因此孩子的建築工程是一個增建新空間的過程，鷹架永遠在一旁接住下墜的建築碎片，幫助蒐集材料，為增建部分選擇工具。

有些孩子的建築會筆直向上發展，像摩天大樓一樣，有些孩子的建築可能向外擴張，像一棟不規則發展的牧場平房。孩子的建築風格不是由你來決定的，父母的鷹架應該配合孩子成長的形狀，任何阻止或控制成長的努力都是阻礙。

**培養力量：**孩子的建築正在成長，你的鷹架也隨著它的增高而上升，距離很近，但視線很清楚。為了鞏固所有這些令人感動的成長，你可以幫助孩子安裝像勇氣、信心、韌性和毅力這樣的鋼梁。有了這種內在的力量，他擁有的不只是一座可以「入住」的建築，還是一座禁得起風吹雨打和危難挑戰的堡壘。你可以給予指導和支持，以身作則，示範哪些工具受到考驗和需要保持堅強時最為有用，以此強化孩子內在的鋼鐵。

**設定切實可行的規則：**你的鷹架不該阻礙孩子的成長，也不應該阻止孩子往他要發展的方向發展。然而這棟建築需要符合安全標準，就像建築工地的總承包商一樣，父母必須對孩子的成長保持品質控制，確保他們的成長「符合規範」。你可以給不良行為設定限制和後果，如果你過度放任，這棟建築就不安全，不適合居住。

**無條件的支持：**孩子的建築風格可能不符合你的喜好，但你的個人喜好並不重要，重要的是，孩子的建築穩定而堅固，你的鷹架在那裡提供架構，接住掉下來的碎片。

如果你試圖把他的豪華大廈改成異想天開的維多利亞式建築，或者自欺欺人，相信有一天他的建築會奇蹟般的變成你的夢想之家，那麼你的鷹架不適合這個建築，無法提供必要的支持。接受他的建築的本貌，即使它在你眼中顯得奇怪。等一切落成後，住在裡面的是他，不是你。

**修復和減少裂縫：**當建築愈蓋愈高時，施工團隊也會持續尋找裂縫。並非所有的裂縫都值得注意，有些只是表面，水泥補一補就好。有些裂縫較大，需要特別注意。除了尋找建築本身的裂縫外，你也需要檢查鷹架損壞情況，讓鷹架保持在良好的修復狀態，與維護建築本身同樣重要。

我明白在現代生活的壓力下當父母有多麼困難，我也明白你可能擔心犯錯，或是無意中做了一些可能傷害孩子的事。光是養育孩子已經壓力很大了，你還要焦慮不安，擔心自己是否做得正確。萬一孩子有心理健康或行為障礙，這一切更是難上加難。

運用上述的鷹架策略，終結你的擔憂。它們正是父母在尋找的解決方案，能引導孩子度過生活中的障礙和挫折，緩和家庭的緊張氣氛，再也沒有亂發脾氣、摔門而出和尷尬的晚餐對話。

記住這些支柱（架構、支持和鼓勵），並釘牢這些踏板（耐心、關懷、覺察、冷靜和追蹤），你會成為更好的父母，特別是當事情變得困難時。運用這些策略，你會培養出有自信、有能力、有好奇心的孩子，他們長大會成為最好的自己。你也能建立足以撐過孩子青春期的親子關係，你們的關係在孩子成年後還會變得更加親密，這正是我們所有父母對孩子、對自己的期盼。

# 父母的安全第一

## 02

Secure Yourself First

父母鷹架是圍繞著孩子「建築」的外部架構和支撐。在一開始時，建築缺乏一個堅固的框架，幸運的是，牢固的父母鷹架圍繞著建築，能夠防止這棟建築倒塌。

那麼，如果鷹架本身不牢固，它就沒有足夠的堅固和穩定來引導建築成長。如果鷹架虛有其表，那麼一次不小的危機就足以讓整個建築群，包括鷹架和建築一起坍塌。

你必須要先確認自己的鷹架既安全又牢固，才能有效以此養育孩子。

四十歲的麗莎帶著十歲的兒子米克來做一週一次的治療，她問能否先和我單獨講幾分鐘的話，這不是罕見的請求。於是，米克在接待區等著，麗莎跟著我進了辦公室。

麗莎坐下來，把沉重的袋子往地上一扔，開始搖起頭來。「我搞砸了一件事，非常嚴重。」她說。

「怎麼了？」

一連串的事件始於週末。「四年級的學生每個人週一都要帶自己設計的魯比高堡機關去學校，你知道的，一個機關會觸發另一個機關的那種設計。我到了週六早上才知道有這個作業，我打電話給另一個媽媽，抱怨這個作業怎麼臨時才交代，她說她和兒子幾個星期前就開始動手做了。我問米克為什麼不早點告訴我，他竟然只是聳聳肩而已。」

麗莎在金融領域全職工作，壓力很大，米克的父親那個週末恰好不在家，所以麗莎只好自己幫兒子搞定這項作業。「我機械方面不行，米克也一樣，這可能就是他逃避這件事的原因。」她說，「我後來知道魯比高堡機關算是期末作業，占總成績的百分之二十五，他班上有一些家長是工程師，他們傳了照片給我看，他們用了鐵軌、滑輪和吊籃設計機關。我都快哭出來了，我們只用了一顆乒乓球、透明膠帶和舊積木。我工作辛苦了一週，只希望週末能放鬆一下，這個作業出乎意料的打擊我，我感到無助，然後就發火了。」

我以為麗莎要告訴我，她把自己的挫折發洩在兒子身上，這是每個父母都曾經犯過的錯誤。「要是我吼米克就好了！」麗莎說，「我做了更糟糕的事，我查到老師的電話號碼，在週六打電話去她家裡罵了她一頓！當著米克的面。」

那的確不妥。

「我的重點是，老師為什麼要出這麼難的作業？」麗莎說。「大家都知道，沒有一個學生是自己做的，這個作業根本就是直接分派給家長，我們有些人，除了在垃圾桶裡找空紙巾卷之外，還有其他事要做。我問老師，『這個作業的目的是要讓每個人都覺得自己像個白痴嗎？』我直接對她發飆。米克在一旁求我掛斷電話，他覺得很尷尬，我吼完之後，老師說：『從來沒有人這樣對我說過話。』」

我只能說：「哇。」

「唉。」

如果麗莎那週工作比較輕鬆，或是她的丈夫在家協助米克完成作業，她或許可以從容接受這個意外，把協助米克視為培養親密關係的機會，她和兒子甚至可能從中得到樂趣。但當挫折感加上了不安全感，又摻雜了惱怒，最後演變成麗莎承受不住，而對著一個無辜的外人爆發了。

「每個家長都會有這樣的故事，這次只是輪到你了。」我安慰她。

在我數十年的職業生涯中，我看著教養的壓力愈來愈大，過去的父母沒有今日的父母這麼緊張，今日的父母在各方面（如財務、技術、個人和後援）都感受到壓力。你筋疲力盡，心煩意亂，這都不是你的錯，但身為父母，你有責任化解自己的壓力。如果你的父母鷹架太不牢固，一場強風（或以這種例子來說，週末一個始料未及的科學作業）就會把它吹垮，你將無法提供孩子所需的架構、支持和鼓勵，讓他們從你身上學習基本的應對技能，比如情緒控制和抗壓性。

## 照顧自己就是照顧孩子

你內心可能正在哀號，該做的事已經做不完了，還得在待辦事項上加上「照顧自己」。坦白說，我現在主要是在對母親們說話，而不是父親們。今日的父親比他們自己的父親、祖父做得更多，但在照顧孩子上，他們仍舊做得比伴侶少。美國不像其他已開發國家有育嬰假。在瑞典，孩子誕生後，父母雙方皆可享有長達十八個月的育嬰假；在日本，育嬰假是一年。但在美國，母親只有十二週的無薪假（父親也能休無薪假，但雇主必須有承保，他才有請假資格；此外，一對夫婦往往無法承擔雙方都放那麼長的無薪假）。政府發出的訊息似乎是，如果母親需要或想要出門工作，她必須加倍努力工作。在應付她們的「第二份工」之外，職場媽媽還有一個額外的壓力，那就是她們相信自己應該要能處理好這個狀況。當然，她們很累，壓力很大！但是，當她們「應該」花更多時間陪伴孩子時，卻「自私」追求帶來滿足感的事業，這令她們感到內疚。內疚只會讓養育孩子更加困難。

「照顧好自己很重要，如果沒能顧好自己的身心健康，你無法好好養育孩子，不過這一點卻被忽略到難以置信的地步。」我們兒童心智研究所自我照顧專家艾曼紐（Jill Emanuele）說：「這就像搭飛機聽到的廣播一樣，先戴好自己的氧氣罩，再去幫你的孩子戴上。如果你跑來跑去，做了很多事，已經筋疲力盡，招架不住了，你是無法再去關心孩子的。壓力會隨著時間積累，等你爆發或崩潰了，你會感覺非常懊悔。」

麗莎離開辦公室後，她兒子米克進來跟我說話。他說媽媽用那種口氣對老師說話，讓他非常尷尬，很擔心週一到學校要怎麼面對那位老師。但更重要的是，他替媽媽感到難過。「她簡直抓狂了。」他告訴我：「你真該看看她的表情，我不想告訴她有這個作業，但是我需要幫助，但是她真的非常累，我知道告訴她只會讓她心情更糟。」

在忙碌單調的日常生活中，你可能沒有時間或「頻寬」追蹤孩子的情緒起伏，但毫無疑問，孩子絕對在追蹤你的情緒起伏，尤其是吃喝拉撒都仰賴你的學齡前兒童。他們在看，他們在聽，他們在接收你發出的每一個訊號，甚至是你沒有意識到你發送出的訊號。當孩子用了整整一個小時，告訴醫師他多麼擔心爸媽因為工作忙到焦頭爛額，這整個療程中孩子都不是在解決自己的問題，治療方面也沒有進展。如果是沒有在接受治療的孩子，他不敢告訴你一項重要的學校作業，或是吐露自己的問題，因為他害怕惹你心煩，或是增加你的負擔，那麼孩子將會得不到支持，需要獨自承受著他的擔憂。

要支持孩子的情緒反應，我們得承認自己也有情緒需求，練習加強自我照顧。經由觀察你，孩子會學到情緒修復的寶貴價值。我們都希望孩子懂得如何放鬆，不是嗎？從來沒有父母對孩子的深切期盼是，長成一個竭盡全力卻愁雲慘霧、生活一團糟，對待自己、周圍的人都不好的大人。

## 如何給自己搭建鷹架

給孩子搭建鷹架，你需要提供架構、支持和鼓勵。

給自己搭建鷹架，你也要有同樣的堅持。

**可行的架構：**你想必希望孩子得到最好的一切，過著充實的生活。但是，假使你們的生活變成了無止境的趕場，老是快遲到了，常常面臨著時間安排出了小狀況就要毀了全家的威脅，那你就是建立了一個無法維持的生活模式。即便你心裡還有疑慮，仍舊要減少活動，安排切實可行的時間表，其中要有陪伴孩子的親密時間，也有自己的休息時間。

**顧好自己的健康：**要衡量你是否支持自己、顧好自己，可以問問自己：「我會這樣對待我的孩子嗎？」你替孩子報名了運動健身課程，但你自己有沒有抽時間運動呢？你要求孩子每天吃五種蔬菜，睡眠務必充足，那麼為什麼不對自己有同樣的要求呢？如果你看到你的孩子為了作業緊張，你會建議他休息一下，而不會逼他把自己折磨得筋疲力盡。如果你的孩子在學業上、身體健康上或情感上有了困難，你會求助於專家，而你自己生病或掙扎時呢？你是否不顧一切鞭策自己呢？

當你忽視或無視自己的感受時，就是在向孩子示範你「不重要」。孩子記在心裡，哪一天等他們長大，可能做同樣的事。照顧自己，包括了自尊、自重、自我同情和自我肯定；需要時向人求助、吃好、睡飽、規律運動，這就是支持自己。

**鼓勵自己的努力：**即使你的生活和你的孩子都不是「完美的」（且不論完美是什麼意思），你也要向自己保證，身為母親或父親，你做得很不錯了。很多父母覺得自己做得很糟，我敢說，如果你對孩子發怒，或者為了孩子心煩，十之八九是因為你覺得自己是不夠好的家長。

「感覺自己很失敗」，這個情緒一點都不健康，更不能讓人放鬆，為了你好，也為了孩子好，最好不要把它帶入家庭環境中。你難免有時在教養方面犯了錯誤，恭喜你！你是凡人。誰都有不順心的時候，承認這一點，接受它，你就能平靜下來，鼓勵自己下次試著做得更好。

**自我照顧簡答表**

**搭建堅牢穩固的鷹架所需材料**

○運動
○睡眠
○營養食物
○感情
○漫步大自然
○帶孩子跟朋友的孩子一起玩
○獨處時間
○創作時間
○浪漫時光
○歡笑
○音樂
○嗜好
○志工服務
○冥想

## 讓自己休息一下吧！

我們的社會對父母很無情，即使是那些（有時特別就是那些）竭盡了全力的父母。在網路上羞辱其他母親，霸凌、批評他人的育兒選擇，從母乳餵養（或不餵母乳）、讓孩子吃糖、到重返職場或全職育兒的決定，統統都要管。

這種風氣造成許多不必要的不安全感和沮喪，做父母的會擔心，如果他們哪件事和其他父母做得不一樣，他們的孩子就落後了。

由於擔心外界的批評，你剛學走路的孩子可能比你還要忙。

如果猶豫要不要報名嬰兒瑜伽班，你可能就注意到親子共學團的其他媽媽揚起了眉毛。就如某個壓力很大的媽媽跟我說的，「莫莉如果在上幼兒園之前不開始學華語，那就太晚了。」這位媽媽有一份要求很高的全職工作，她的兩個孩子也是任務繁重，而她自己已經多年沒有去醫師那裡做檢查，她說：「為孩子盡所我能，那是我的首要任務，如果我把自己放在第一位，或者稍微放下我的責任，那麼我就是糟糕的父母。」

每次聽到父母說，「孩子的事優先。」我就想問，「這是什麼意思？」這句話根本是陳腔濫調，是早就過時的觀念。

我們必須停止盲從著過生活，仔細想想自己的家庭此時真正的需要，如果你都沒錢吃飯了，那麼找工作才是第一要務，如果「房子都著火了」，上空手道這件事並不急。

幾年前，一對年輕夫妻帶著自閉症幼兒，淚眼汪汪坐在我的辦公室，他們非常懷念兩人單獨出門約會的夜晚，但這個念頭讓他們深感內疚。我鼓勵他們拜託家人每週照顧兒子一個晚上，或者請一個專業保母來照顧有特殊需求的孩子。

這位母親說：「保母很貴，我們請不起。」

我說：「你們不請的代價更大！」

每週有一個晚上，婚姻必須擺在第一位，如果這對夫婦沒有共處的時間，那養育自閉症兒子的壓力，最終可能讓夫妻關係承受不住壓力，結果導致分居或離婚，變成兩個家庭，育兒費用也會增加。如果他們分手，情感和經濟生活會更加困難，為了兒子好，他們真的不能不照顧好兩人的關係。

如果你覺得累了，最要緊的是休息一下，重新充電。在繁重職責的限制下，調整作息，加入你的「休息時間」。

我們都生活在全天二十四小時無休的工作文化中，這種文化讓我們以為休息時間不存在，當你只樹立「忙碌不堪」的榜樣時，孩子將學到，成年和「成功」，與壓力大和不快樂畫上等號。應該要讓他們知道，成功代表每天可以冥想五分鐘、十分鐘或二十分鐘，可以靜心閱讀、坐在後院放空、散步，或刻意暫時離開螢幕，遠離現代生活的轟炸。務必讓孩子明白，放下電子產品對精神健康很重要，每個人都應該保有與世界斷開連繫、和自己重新連結的時刻。

與自己重新連結是什麼意思？並不難，只要反思一下你的這一天，你的感受和想法，仔細看看你的腦子裡在想什麼，什麼讓你高興，什麼令你困擾。在理想情況下，你的孩子會看到你反思、表達你的想法，並試圖做出調整。透過觀察你，他會學到自己該怎麼做。坐下來思考評估，這是面對世界的有用步驟。如果每個父母和孩子每天都坐在一起，盯著牆看五分鐘，他們會感到更親密、頭腦更清醒。

你必須接受「你有權休息」的想法。

如果你偶爾「收工下班」，把自己放在第一位，這麼做真的沒關係。

第一步，決定你需要什麼樣的休息。十五分鐘的獨處？去散步或跑步一個小時？一整天還是一個週末的時間？

第二步，無論你的決定是什麼，安排好相關的人事物。你的教養鷹架不是監獄，它是用來提供支持的，你也可以支持自己。

然而，自由不是免費的，你的休息時間將取決於可用的資源。在一個雙親家庭中，安排休息時間比較容易。如果你們負擔得起保母費或夏令營，或者你家附近有人能讓孩子到他家過夜，那就太好了。說服家人、鄰居、朋友，所謂的「全村人」，提出你的需求，然後找機會回報。

## 孩子未滿十二歲時父母的自我鷹架支持

**讓身體休息一下：**年幼的孩子非常需要你的時間和注意力。「我不過是朝另一個方向看了一分鐘」，這句話是父母們的惡夢，難怪你覺得自己無法休息，甚至無法轉移視線。但是嬰兒和幼兒的父母也有權偶爾休息一下，這只是一個後援安排的問題，你去哪找來五分鐘的時間，坐著什麼也不做呢？

當孩子午睡或在嬰兒床裡靜靜玩耍時，抵抗「處理幾件事」的衝動，把時間用來照顧自己。很簡單，躺在床上，或坐在椅子上，深呼吸五分鐘。這五分鐘的獨處時間，就足以讓你充飽下一個小時所需的電。

不管你的孩子多大，告訴你的孩子，你需要休息一下。透過樹立自我覺察和重視恢復、放鬆的榜樣，你在教導孩子辨識自己不堪重負的感覺，也在告訴他如何面對與解決這些感覺。

### 孩子十幾歲時父母的自我鷹架支持

**讓情緒休息一下：**青少年的生理需求不高，但是他們可能會讓父母在情緒上感到疲憊。如果你的大孩子在學業或社交問題上掙扎，你也會經常感到痛苦。如果你有一個不快樂的孩子，你不會比他更快樂。

怎麼做才能從家有青少年相關的精神折磨中抽身而出呢？

艾曼紐醫師說：「我會引導父母問自己：『此刻正在發生什麼？現在一切都好嗎？』你的孩子也許沒有那麼快樂，但在這一刻，他很安全，受到照顧、吃得好、並未受苦。這一刻，你可以打破先前的觀點。」

焦慮是因恐懼著、擔心著尚未發生的事，好比「我兒子會不會一直沒有朋友，一直這麼可憐？」

嘗試讓自己立足於當下，對自己說：「現在沒有什麼問題，世界不會在接下來的五分鐘內毀滅。」如此便能在那段時間裡，降低情緒的衝擊。

## 父母先放下手機

潘蜜拉的兒子比利十歲，在兒童心智研究所接受治療，當治療師向潘蜜拉提出父母照顧自己的話題時，潘蜜拉笑了，她說：「我哪來時間做這些？」她立刻洋洋灑灑列出她要替老闆、丈夫、孩子、狗和家庭所做的一切，她的清單花掉了整整十五分鐘的治療時間。

治療師建議潘蜜拉拿出手機，查一下她滑手機的時間，這位女士猶豫了一下，但還是照做了。醫師問：「你昨天花了多少時間看Instagram？」

「太尷尬了。」她說。

「超過一個小時？」

「我靠它來放鬆，那是我拔掉大腦插頭的方法。」

臨床治療師沒有錯過這諷刺的一句話，他讓句子在空中停了幾秒，使用一個電子產品來拔掉大腦的插頭，「看電視呢？」他問。

潘蜜拉承認，當一天結束後，她筋疲力盡，會倒在沙發上，盡情看上幾個小時的電視。「小孩也是這樣看他們的電視。」她說。

如果下班後，除了看電視或滑Facebook，你什麼都不想做，孩子會以你為榜樣，靠著逃避現實來分散自己的注意力，讓自己遠離負面的感覺，包括無聊和疲憊。手機和螢幕占去了人們原本用來反思的時間，如果這讓你想起了什麼，也許就趁現在趕緊反思個幾秒吧。問問自己，你是不是因為不想承認或不想審視自己的感受，刻意使用手機來逃避。

如果確實如此，你也不孤單。使用手機和串流服務平臺網飛（Netflix）麻痺自己，分散自己的注意力，已成了美國人的重要消遣。坐在螢幕前似乎是一種放鬆的方式，但實際上它會給大腦帶來更多外來的刺激，造成情緒副作用。德國最近的一項研究中發現，狂看電視會導致壓力，因為人們對自己的拖延和浪費大量時間感到內疚。[1]

另一方面，如果你以身作則，放下手機，你的孩子或許也會這麼做，沒錯，即使是在餐館和長途汽車旅行中，也要放下手機。在二〇〇〇年以前，孩子一面吃晚飯，一面與父母聊天；坐車時，他們不是盯著窗外，就是閒聊或聽廣播。沒有螢幕時間的好處是，親子有機會學習（或重新學習）如何做白日夢、反思、發揮創意，彼此之間的互動也會更多。少了讓人持續分心的事物，我們可以學習處理自己的情緒、表達自己，與他人連結。

治療師要潘蜜拉檢視使用手機的時間，不是為了讓她感到羞愧，而是使她自己意識到是如何度過空閒時間，然後開始監督自己並承認，事實上，她是有時間坐下來、冥想或散步（不是手指在螢幕上散步），甚至和孩子一起創造、玩耍。

查看你自己的螢幕使用情況，你會大吃一驚。鼓勵自己每天少盯著 Instagram 一點，五分鐘都行，這短短的幾分鐘可能就是健康和倦怠之間的區別。

## 預防親職倦怠

親職倦怠（parental burnout）確實存在，而且相當普遍。與職業倦怠相似，親職倦怠發作於當你試圖做太多事時、持續感覺到極端的壓力時，你幾乎無法鼓起熱情或精力去做任何事，遑論以愛、關懷和引導來支持孩子。

親職倦怠帶來極為不利的影響：與孩子及伴侶的家庭關係變得緊張、憂鬱，甚至導致藥物濫用、焦慮。根據比利時研究人員的研究，親職倦怠與親職疏忽、親職暴力和逃避念頭（幻想逃跑）也有關。你愈是感到倦怠，就會愈是疏忽，疏忽加重了壓力，壓力反過來又加重了疏忽，如此循環下去。

爸爸媽媽們是一番好意，為了做完美的父母殫精竭慮，結果卻適得其反。比利時天主教魯汶大學研究員米科拉札克（Moïra Mikolajczak）最近與美國心理學協會討論上述研究結果，她說：「這個結果的諷刺性令我們驚訝，太想做正確的事，最終反而可能做錯事，父母的壓力過大，導致疲憊不堪，對父母自己、對孩子都會帶來有害的後果。」[2]

這項研究中，有數千名法語人士和英語人士的受試者參加，為了確認他們是否正在經歷親職倦怠，研究人員對他們進行了「親職倦怠評量」問卷調查，請他們回應二十二項敘述，評分從「非常同意」到「非常不同意」。[3]調查分成三個範圍。

在**情緒疲憊**範圍，父母們被要求對以下敘述進行感受的評分：「身為一個家長，我處於倖存模式」、「當我早上起床後，不得不面對與孩子的另一天，甚至都還沒開始就覺得筋疲力盡」、「我感覺完全被父母的角色所擊垮」、「當父母耗盡了我所有的資源」。

**情感距離**的敘述包括：「我不能再向孩子表現出我有多愛他們了」、「有時我會覺得我是無意識的在照顧孩子」、「我對孩子情緒的關注減少了」、「我不太聆聽孩子告訴我的話」、「我最多只能為孩子做最基本的事」。

**個人成就感**的敘述有：「我通常能夠理解孩子的感受」、「我能有效處理孩子的問題」、「透過身為父母的角色，我覺得我對孩子有正面的影響」、「我通常能夠與孩子營造出輕鬆的氛圍」、「身為父母的我完成了許多有價值的事」。

你可以想像，那些「非常同意」的回答代表著倦怠。當然，症狀有輕重之分，也有程度不一的波動。有的父母可能在週日晚間非常同意「情緒疲憊」或「情感距離」的敘述，但到了週三就覺得重新振作起來，覺得未來一片光明。或者他們可能對身為父母的成就感有了正面的反應，緩解了精力和親密關係的下降。只剩少數研究對象處於親職疏忽、暴力和逃避念頭的高風險中。米科拉札克和她的團隊發現，他們的研究對象之中，每十二人中就有一人（大約為百分之八）有親職倦怠的困擾。根據他們對文獻的回顧，在美國這個現象保守估計的數值是百分之五，代表有三百五十萬位美國父母正在應付倦怠問題。

| 你有親職倦怠嗎？ | | |
|---|---|---|
| 反常 | 危險訊號 | 正常 |
| ○做為父母，你會莫名其妙感到極端憤怒和沮喪，於是用語言或肢體虐待來回應你的孩子。<br>○一天有好幾次你會想「我不是個好爸爸／好媽媽」。<br>○關於育兒，你在任何方面都鼓不起熱情。<br>○做為父母必須做的一切，讓你感到疲憊，對孩子心生怨懟。<br>○看著孩子時，你感覺不到以前的那種親密。 | ○你很容易被孩子惹毛生氣，對他們大吼大叫，罵完後又覺得後悔。<br>○你覺得自己的教養技巧還可以，但不是非常好。<br>○你有時覺得和孩子很親近，但也常常只是做做樣子。 | ○當孩子做了令人厭惡的事時，你會感到煩躁和沮喪，但你可以控制自己的情緒。<br>○你在大部分時間裡對自己的育兒技巧有信心。<br>○你覺得和孩子親近，喜歡與他們相處，即使有時他們可能很難管。 |

米科拉札克說：「在當前的文化背景下，父母承受著很大的壓力，但做完美父母是不可能的，試圖做完美父母會使人筋疲力竭。我們的研究顯示，只要能讓父母充電，避免疲憊，對孩子就是好的。」

在後續研究中，比利時團隊與史丹佛大學的科學家合作，以「工作、家庭和生活的平衡」為主題，提出新的問卷內容，請受試者回應同意或不同意，例如「我能夠輕鬆解決家庭和工作之間的衝突」、「雖然擔負著育兒責任，我很容易找到屬於自己的時間」。[4] 研究人員的結論是，有資源處理倦怠狀況的父母受到了保護，不會被倦怠打垮。

**自我鷹架支持不足的實例**

○把孩子打扮得漂漂亮亮，自己看起來卻一團糟。
○讓孩子吃的比你自己吃的好。
○放棄自己的年度體檢，或者生病時沒有時間去看醫師。
○睡眠不足，靠著猛灌咖啡硬撐。
○忽視自己的心理健康問題。

我們都容易受到親職倦怠風險因素的影響，像是完美主義、過度承諾、做為父母的不安全感和無力感、全職在家照顧孩子的孤獨感。

但是，透過自我鷹架支持，包括制定合理的作息表、適時休息、獲得伴侶和專業人士的支持、無論結果如何都為自己的努力鼓掌，你可以避免倦怠、全心陪伴孩子，做孩子穩定堅固的鷹架。

## 鼓勵自己，也鼓勵孩子

艾曼紐醫師有個病人，十三歲女孩莎拉，她把交不到朋友、成績不好、沒能演出學校話劇都怪在媽媽頭上，她的口頭禪是：「都是她的錯。」

她的母親麗貝卡放棄了法律事業，全職在家照顧自己高齡才生下的女兒。有一回，全家人都在的場合，莎拉竟用手指著她媽媽說：「*J'accuse*！（法語：我要控訴）」

「你說得對。」麗貝卡表示同意，「我給你安排了太多活動，你的壓力太大，我應該早點幫你請數學家教，也應該為了那場試鏡多陪你排練幾次。」

看到這種母女互動關係，艾曼紐醫師找了麗貝卡來私下談談，說她和莎拉都需要為自己的行為負責。麗貝卡似乎相信，莎拉的問題是她身為母親的責任，她該為此自責、吸收女兒的敵意行為、為女兒的不快樂而內疚。而這一切底下有著她的懊悔，懊悔當年為了此刻這個不知感激的孩子，放棄了事業。

若你允許孩子、伴侶、父母、朋友、網路對你的鷹架扔磚頭，你的鷹架會變得脆弱。

當麗貝卡接受莎拉的責備時，她感到自己被壓垮了。艾曼紐醫師提出解決辦法，其中一個便是要麗貝卡對女兒說：「莎拉，你要為自己的作業負責，你沒有完成，那是你的責任。」當麗貝卡不再替女兒承擔所有問題的責任後，她感覺到自己身為家長的角色更強大，也覺得自己有能力讓孩子承擔個人責任。

「別理會別人的『屁話』，這是照顧自己的工作之一。」艾曼紐醫師說。

當你把責備和羞愧猛往自己身上堆時，會產生前所未有的破壞力。在「全球評選年度最佳父母比賽」中，我們都會落敗。沒有一個人是完美的，也不必費心去追求完美。

記住「鼓勵」這條鷹架原則，提醒自己，你替家庭做了很棒的努力。透過掌握自己的感受、行動和行為，鼓勵孩子也這麼做，為孩子樹立有擔當、有自尊和有責任感的好榜樣。

## 加強自我照顧

如果為人父母者遭逢重大疾病、心理健康危機、嚴重經濟挫折或慘痛離婚時，他們會發現給自己提供鷹架支持是個尤其困難的挑戰。當面臨這樣的情況時，你必須放棄任何「我能自己處理」的想法，召集親朋好友，盡可能爭取更多的支持。

我常常說，養育子女是一場感覺像短跑的馬拉松，即使你肩負重擔，日復一日瘋狂奔波，你仍然要有長遠的考慮。因此，如果一個母親病倒了，在她接受治療或康復期間，將做為母親的責任委託給他人，這其實是確保自己和孩子們能夠活下去的做法，這是為孩子做的正確的事。

我們的個案雅各，一個十幾歲的男孩，他來尋求焦慮症的幫助。他的家庭情況如同影劇頻道上的電影，父親不幸車禍身亡，一家三口（母親、雅各和他的妹妹）陷入經濟困境，母親做兩份工作來支付家庭開銷，然後竟被診斷出患有乳癌。

為了維持生計，這位母親繼續長時間工作，在週末或工作空檔擠出時間化療。雅各主動擔起照顧妹妹的責任，生活中充斥著對媽媽的健康和家庭存續的焦慮。在晤談過程中，他說的最多的是他對母親的思念，母親不在身邊，他非常徬徨無助。

他心痛的說：「即使她在，她的心也不在。」父親走了，他只剩下母親，當母親與一個可能致命的疾病搏鬥時，他需要與母親在情感上和身體上感受到連結。

雅各表達了自己的感受，這很重要，他的治療師建議他對母親說：「你不用做這麼多工作，你需要放慢速度。」他母親困在「我要養孩子，我要養孩子，我要養孩子」的模式，但雅各非常勇敢的說了出來，「陪伴我們就是養育我們，把你的精力放在我們身上吧。」言外之意是，「在你還有機會的時候」。

他的母親也終於正視自己的逃避行為：如果一直工作，她就不必去想發生在她身上的事。在親友的支持下，她減少了工作時間，有更多的時間在家陪孩子，孩子也放下心中的大石頭。一位阿姨幫忙處理接送、採買和其他大小事，孩子的學校在 Kickstarter 募資平臺成立基金，幫助支付家庭開銷。

多了休息，母親更能忍受治療，一家三人常常窩在她的床上，看好幾個小時的電視和聊天。他們重新建立了家庭關係，兒子的焦慮也減輕了。

這位母親的掙扎是一個極端的例子，但當任何父母疏於照顧自己時，都會間接傷害到孩子。即使你認為忽視自己的需求是當好爸爸好媽媽的唯一方法，也要練習照顧自己。

## 有其父母，必有其子女

從遺傳學角度來講，心理健康障礙確實從家譜就看得出來。一個焦慮症的父親，可能發現他孩子的焦慮需要幫助，但他自己卻沒有得到幫助，因為他相信自己應付得來，而這樣的想法會為孩子樹立逃避和缺乏自我覺察的榜樣。我在治療中經常看到的是，一個焦慮的孩子可能更關注父母未經治療的焦慮症，而沒有注意自己的，從而阻礙了治療進展。

當父母之中一方有焦慮症而另一方沒有時，焦慮一方的症狀會因為孩子的降臨變得更加複雜。如果孩子也容易焦慮，情況會更嚴重。焦慮症的媽媽和不焦慮的爸爸之間會溝通不良，一個可能理解孩子的問題，另一個抱著「他長大就會好」的期待，於是父母之間關係變得緊繃，而這種緊繃也會一點一滴影響到孩子。

沒有焦慮症的父母通常不願與朋友或家人討論孩子的焦慮。我建議父母與孩子分享他們童年時的焦慮，開誠布公的溝通焦慮的現實情況，這是你和孩子練習照顧自己的方式之一。堅固的鷹架不是建立在壓抑的情緒上，世界上關於心理健康的汙名已經夠多了，在你的家中消除焦慮的汙名吧，一家人一起談談孩子的焦慮、自閉症和憂鬱。

對於一些父母來說，在家中談論他們和孩子的心理健康還不夠。加入社團可以紓解一部分壓力，照顧自己或許也需要找一個支持小組，宣洩照顧焦慮孩子的困難，得到其他父母的肯定能夠減輕你的焦慮。[5]

## 承認自己的情緒

本章開頭提到的那位母親麗莎，因為學校一項複雜的作業，對兒子米克的老師發飆。

在我們的談話中，她坦白說出了一句她自己也覺得震驚的話：「我很氣米克，他拖到最後一刻，而且這也不是他第一次突然才跟我說要做什麼。然後他就生悶氣了，只會在一旁聳肩。有時候，我的兒子實在是一個超級……大混蛋！」

每個父母都有這樣的故事，老是有父母告訴我他們怎麼大發脾氣，對別人發火。但當我問：「你是生你孩子的氣嗎？」父母都不敢承認。

我認為承認孩子激怒你並沒有錯，只是如果他們做了惹你生氣的事，你應該用平靜的聲音，對孩子說：「我真的很生氣，因為你……」具體說出他不該有的行為或行動。

我不介意父母有時認為自己的孩子是大混蛋。當然，除了他們的伴侶或治療師以外，他們不應該跟任何人表達這種情緒。而在私下，只要承認矛盾的存在，承認有時你不想和孩子在一起，或者不是永遠都喜歡和他們在一起，這就夠了。

孩子也會惹你生氣，孩子也有討人厭的時候，承認這一點，你就不會對那些完全合理的感覺感到內疚。在治療中，我喜歡聽到父母說：「知道嗎？我很愛我的孩子，但天啊，他為什麼不睡覺？他隨便一點聲響就醒來！我要瘋了！」

照顧自己的基礎是自我意識，尤其當孩子還年幼時，生活在恍恍惚惚中度過，你很少會花時間去問：「等一下，我做得怎麼樣？」

經過反思，你可能會發現為人父母不如你的想像，你的孩子有點混蛋，或者他也認為你有點混蛋。人們會逃避那些感受，因為它們似乎太龐大了，太可怕了。他們不去面對，反而用忙碌來迴避。但是，一旦他們承認並接受了這些感覺，心裡就會好過一些。

因此，當麗莎終於承認也許她真正氣的不是老師，而是自己的兒子後，她大聲呼了一口氣，說：「真相大白。」

「你可能感覺好多了。」我說。

她確實感覺好多了，在她向老師道歉後，她的感受還會更好。

幾週後，學校舉辦家長之夜，展出了所有的魯比高堡機關作品。根據麗莎的回報，米克是全班做得最爛的，不過他的作品可能是唯一一個主要由被指定作業的學生完成的！麗莎承認他的作業做得不好，她不矛盾，也不後悔，這個機關或許很脆弱，但麗莎的鷹架比它堅固許多。

「我驕傲的看著我們用紙板和透明膠帶做出的爛作品，因為雖然發生這一切，我們終究還是合力完成了。」她說，「這讓我們明白，事情環環相扣，我們都學到了一課，但沒想到是以這樣的方式。如果累壞了，你會想發洩，發洩反而帶來內疚和後悔。這教訓我學到了，現在我盡量避免讓自己累到倦怠，才能陪著米克一起創作。」

Ⓣ

## 釘牢那些踏板！

照顧自己，就是利用鷹架踏板感覺自己更強壯、更適合當父母。

| | |
|---|---|
| 耐心 | 與其匆匆忙忙讓自己和孩子以危險的節奏過日子，不如放慢腳步，安排一個可以長期維持的作息時間表，也許取消一些活動。記得休息、放鬆，讓自己恢復體力。即使每天只有五分鐘，奇蹟也會發生。 |
| 關懷 | 原諒自己是一個不完美的人，多愛自己、多鼓勵自己，感謝你為自己和家人做的所有好事。 |
| 覺察 | 每天反思一下，問自己：「我腦子裡在想什麼？是什麼讓我這麼焦慮？我有什麼不願承認的感覺或想法？是什麼讓我無法關心自己？我怎麼做才能感覺更好，才能適應？」 |
| 追蹤 | 每天檢查你的手機使用情況，防止螢幕時間占去你的獨處／浪漫／自然／創意／反思的時間。 |

# 畫一張新的教養藍圖

# 03

## Draw a New Blueprint

建築學中，藍圖是一張表達結構設計規畫的工程製圖，上面標示了牆壁門窗的位置，還有底層的電氣和管道系統。任何建築工程都是從這樣的平面圖開始的，沒有藍圖，就不可能建起一座大樓。我們大多數人不敢隨便走入一個沒有依照良好藍圖築起的建築。

正如第一章中「鷹架策略」小節所提到的，我們的大腦是我們行為的藍圖，這張藍圖經過數百萬年的演化繪製，然而藍圖的某些方面過時了，對於現代生活沒有太大意義。我們住在房子和公寓裡，但我們的大腦藍圖是為穴居生活所繪製，厚實的穴壁阻礙了我們的情感。

要為現今的父母打造一個鷹架，我們必須摒棄過時的舊藍圖，繪製新藍圖，新藍圖有現代的開放平面，少了一些幽閉恐怖，多了充分的增建空間。

克萊兒與她的七歲兒子丹尼爾衝突不斷。在進入一個房間的五分鐘內，這個孩子像是「人形龍捲風」，不是打破了什麼，就是弄翻了什麼。克萊兒養成了跟在他後頭的習慣，叮嚀他要放慢速度、小心行事。一旦災難發生，她就對他大吼大叫，罰他去「隔離反省」，他有時肯乖乖反省。克萊兒說：「他打碎東西，橫衝直撞，好像只是為了激怒我。」她只看到兒子的破壞，記住兒子的不聽話。「丹尼爾老愛跟我過不去，我已經無計可施了，我不想再為他的不良行為跟人道歉，我最擔心的是他會一直這樣下去。」

克萊兒沒有（還沒有）意識到一點，就是她的教育方式源自兩種與生俱來的本能，這兩種本能預先安裝在人類的大腦中，曾經是我們物種延續的必要條件，但在我們今日生存的世界中，它們對培養獨立自信的孩子沒有作用。若是父母遵循那些古老的本能，反而會導致孩子的焦慮。

需要進行重大升級的兩種本能，分別是負面追蹤（negative tracking）和確認偏誤（confirmation bias）。

**負面追蹤，也就是只注意到「錯」的**。機警的搜尋地平線上的危險，這個本能讓我們的物種得以生存，也維繫了社會的紐帶。不幸的是，專注於負面的事物，對於塑造積極的人類行為與建立緊密關係無效。只看到不好的一面，不能鼓勵發展良好的行為，如果你老是對孩子說他們不該做什麼，你並沒有在教他們該做什麼。這就是一個好例子：克萊兒的目光集中在丹尼爾的所有問題行為上，她沒有看到兒子的任何優點。

**確認偏誤，也就是相信自己總是「對」的**。利用和「扭曲」資訊來確認觀點的傾向，替「壞」孩子創造了負面的自我實現預言，也導致「好」孩子的焦慮，因為他們努力不辜負父母誇大的期待。有確認偏誤的父母將孩子分成不同的類型，例如「天使寶貝」、「頭痛傢伙」，儘管與證據相矛盾，他們還是堅持這些特徵描述。丹尼爾只有七歲，而克萊兒已經認定他會一輩子替自己惹麻煩。

要建立一座堅固的鷹架，增強孩子的信心，加強親子之間的情感連結，得先扔掉有缺陷的藍圖，重新繪製保留成長空間並防止焦慮的新藍圖。

## 誇獎多於責備

在開始調整父母的行為時，我們介紹的核心概念都少不了「負面追蹤」。在早期階段，人類處於每天不知道食物從何而來的生存文化中，只有孩子危及自己或他人時，父母才會有精神空間去關注他們，但是這種大腦操作無助於培養現代人際關係。

當我就這個主題發表演講時，我會給家長看一張照片，照片中有大約二十個孩子在操場上，我請家長說出他們第一個注意到的東西。無一例外，家長會注意到挖鼻孔的孩子、哭泣的孩子、準備要揍人的孩子。他們沒有注意到，有的孩子友善的和人分享，有的孩子自己靜靜玩耍，有的孩子正在邀請另一個人加入遊戲。

因此，父母經常問，他們是否應該只注意正面的行為，假裝負面的行為沒有發生？不不，牢固的鷹架不是建立在棉花糖和白日夢上，新的成長藍圖是注意所有的行為，負面的和正面的，而非只注意負面的。兒童心智研究所的臨床心理學家安德森（David Anderson）說：「文獻顯示，如果你關注孩子正面行為（也就是你所鎖定的負面行為的相反行為）比例提高，你會看到更多你想要的東西。例如，最近有個媽媽來找我說，『我女兒總是用手抓飯吃。』這位媽媽做了好像盡責家長都會做的：告訴女兒不要這樣吃飯。我要求她改變方法，首先想想這自己期待的行為，也就是使用餐具好好吃飯，然後追蹤女兒使用餐具的頻率。」

在克萊兒的例子中，她可以想想「丹尼爾灑出飲料」的相反行為——他喝果汁時，永遠一滴也不會浪費。轉移注意力，每當孩子表現出你想要的行為時就誇獎他。孩子每晚跳下床上千次讓你抓狂，相反的，你應該一有機會就讚賞他乖乖上床睡覺。

這裡我提供一個指導原則，誇獎和責備的比例大致是三比一，當你習慣只注意負面事物時，這個比例很難做到，但是長期的回報值得你咬舌隱忍的痛苦。安德森醫師說：「親子關係是基礎，行為管理建立在這個基礎上。孩子成功時，你要誇獎他，減少對負面行為的吼叫和關注，你們的關係才會更牢固、更溫暖，久而久之，你會看到真正的行為變化。」

## 誇獎孩子需要刻意練習

當老習慣和本能已經根深柢固了，你怎麼畫得出新藍圖，達到三比一的誇讚責罵比例呢？我們要仰賴的方法叫做**刻意練習**，這個方法類似於籃球員一遍又一遍練習三分球，練習成千上萬次，等到比賽時，他在防守球員面前投籃，技術可能因為壓力而無法保持穩定，但他進籃的機率仍舊更高，因為他刻意練習了。

所以，在你開始執行新藍圖的頭兩三個月，設法達到高於三比一的比例，透過刻意練習欣賞正面的行為，而不是批評負面的行為。

這個努力需要精神紀律，對生活忙碌的勞累父母來說，是一個很高的要求。但如果你能堅持一段時間，就會注意到孩子的行為發生了變化，這個變化如果持續幾個月，你就達到了最理想的目標。

即使你的新技能隨著時間而略微下滑，比起充滿負面偏見的舊藍圖，你使用這個策略的頻率仍舊更高。

有一個好處：你練習新技能（注意各種不同的行為，努力增加對好行為的讚美）之際，孩子也在改善他的行為。你們兩人都在為你們的關係以及如何理解對方繪製新藍圖。「父母告訴我，刻意練習迫使他們保持技能，有些人告訴我，他們竟然在腦海中聽到了我的聲音說『什麼是正面的相反行為？』、『欣賞孩子的努力！』」安德森醫師說。

不管你覺得自己聽來有多虛偽，都要誇大你的讚美，如果孩子能夠不再用手吃飯，有點尷尬又算得了什麼呢？

一個媽媽告訴我，為了克服這種尷尬，她會在讚美前頭加上「小傢伙」。「說也奇怪，這樣就容易多了，我會說『小傢伙，謝謝你把零食放在碗裡。』、『小傢伙，謝謝你對妹妹這麼有禮貌。』」她說，「在其他情況下，說『小傢伙』很尷尬，但在這種情況下，它幫助我表達了讚賞。」

怎麼做對你有用，就怎麼去做吧，小傢伙。

## 詳實記錄

用兩週的時間，把你的孩子當成實驗對象，假裝自己是身穿實驗白袍手拿寫字板的科學家。選擇一個特定的問題行為來研究，開始蒐集數據，既然睡覺時間是一個常聽見的抱怨，我們就用它來做研究吧。每天晚上，數一數孩子跳下床幾次，原因是什麼，記錄下你的反應，也要記錄他沒有離開床鋪乖乖睡覺的次數。

家長往往會注意到孩子一週有兩個晚上違反就寢規定，尤其如果這引發一、兩個小時誰該聽話的尖叫比賽。他們會完全忘記孩子有三個晚上直接入睡，或者有兩個晚上抱怨了幾句，但很快就安靜下來。

如果數據顯示孩子在大多數時候表現良好，也許你就學會了在睡前放輕鬆，不會跟以往一樣處於「三級警戒」狀態，害得全部的人也跟著緊張起來。有了數據，你可以低頭看看你的平板電腦或記錄板，注意到孩子給你苦頭吃的那兩個晚上，你有一個晚上大吼，一個晚上控制住情緒。下週，你可以努力減少「失控」的次數。在孩子快速安靜下來的那兩個晚上，他先在床上看書，所以下週你應該誇大一點，說你是多麼喜歡看到孩子翻開書本。

當你追蹤自己和你的孩子，運用數據來瞭解什麼有效、什麼無效，生氣的夜晚就會愈來愈少，愈來愈遠，持續時間也會愈來愈短。有了確鑿的證據，證明一個失控之夜不代表孩子無藥可救，你會開始有更理想的應對想法。無論蒐集到的數據是關於就寢時間、遊戲時間或作業時間，數據都能讓你和你的孩子注意到怎麼做有好結果，怎麼做有不好的結果，以及如何利用這些資訊為大家帶來好處。

## 孩子也有負面偏誤

如果你給一群青少年看二十個爸媽齊聚一堂的照片，叫他們指出他們所注意到的事，他們一定會指出對孩子怒吼的爸爸，或是沮喪的舉高雙手的母親。他們未必會注意到有個媽媽正在耐心輔導兒子寫作業，或者有個爸爸尊重的傾聽女兒訴說煩惱。

每個人的大腦天生都具有掃描攻擊性或傷害性行為的能力，但是如果你總是對負面行為做出反應，那麼孩子會透過與你的互動加強他的負面偏誤。如果孩子想要引人關注，他會向你展示他知道你一定會鎖定的行為，那就是使壞。惹怒你的青少年其實是想引起你的注意，如果情況發展成激烈的爭吵，你就替他打開不做作業的逃生門。

在治療和講座中，當我們向父母指出這種關係動態時，現場就會變得非常安靜。

有個十三歲的男孩，叫他史蒂芬好了，很討厭寫功課。他的父親麥可告訴兒子的治療師，每晚他們父子都會為了功課大吵特吵。麥可要史蒂芬吃完晚飯後坐下來，打開書本，開始寫作業。史蒂芬卻吃幾口點心，去廁所，接著上網「查點東西」，搞得父親愈來愈氣惱。麥可不可避免指責兒子拖拖拉拉，史蒂芬則回擊說爸爸害他分心、是個壞爸爸，故意擾亂他。戰況又更激烈了。

這對父子困在這個互動模式中，因為他們兩人都用了負面的藍圖，結果功課只完成一小部分。

你不能用關注來獎勵一個想要引起你關注的青少年，不要給他們逃避寫功課的機會，尤其當他們大部分時間確實是在寫功課。因此，如果一個青少年在該寫功課的時候對你說了一些冒犯的話，不要上當，你反而可以這麼說：「這樣跟我說話不恰當，但是我很高興你已經完成了一半的作業。」

我知道甚至在幾乎找不到相關證據的時候，要你忽略挑釁的言語和惡劣的態度，著重在孩子正面的行為，這是一個艱巨的任務。這對十幾歲的孩子來說也很奇怪，他們期待著你吼叫，結果你卻說：「我不喜歡你說的話，但我很喜歡你的好口才！」

就算孩子很聰明，意識到你正在對他測試一項教養策略，你按下「忽視鈕」仍然會奏效。我們經常引導父母做這樣的嘗試，幾週後我們會問孩子：「你喜歡爸爸媽媽之前那樣對你說話，還是更喜歡他們這幾週嘗試的改變？」我們從來沒有遇過一個孩子說「我希望他們恢復以前的做法」，他們不想要吵架，他們想要接受讚賞，不管這個讚賞有多奇怪。

## 不要在家中這麼做

**絕對不該貶低你的孩子**。

負面偏誤會造成一個後果：相信羞辱、調侃或嘲弄，是教孩子守規矩的有效模式。這絕對是錯誤的。

最近，加拿大針對一千四百名十三至十五歲的孩子進行研究，研究發現，在家中被父母嘲笑的孩子，在學校更有可能遭到同儕的霸凌。[6]

做父母的如果經常嘲笑孩子，會從兩個方向破壞孩子對於憤怒的適當反應，因為父母已經讓他們對被嘲笑習以為常。突然生氣和挑起敵意不是結交朋友的好方法，而對同儕的嘲笑有很高的容忍度同樣不是好辦法。

記得我的兒子還小時，我去看一場棒球比賽，碰到一個父親在球場界線外大肆羞辱他兒子的運動能力。

每次那男孩跑向一壘時，這個父親就大喊：「你的速度就這麼快而已嗎？加速！」男孩被喊「出局」時，父親無情的譏諷孩子直到比賽結束，旁人實在看不下去。

這個父親可能由衷相信，他是在激勵兒子更努力，但研究顯示，時常嘲笑的父母會損害孩子的自我概念。[7]

扭曲的自我意識可能導致持久的憂鬱和焦慮，防止青少年焦慮和憂鬱最簡單的方法就是——別在家裡折磨他們。

使用羞辱會強化負面行為，但有一些父母似乎誤以為可以藉由羞辱來糾正孩子的行為。

最近我讀到一則新聞報導不禁搖頭，有個父親因為兒子在校車上欺負別的學生，就懲罰他一個星期必須跑步去上學，還不只這樣，這個父親錄下了兒子慢跑的畫面，上傳到網路。這個父親因為兒子羞辱欺負同儕，反過來羞辱欺負他，創造了一個來自地獄的負面回饋循環。

先跟尼克·洛（Nick Lowe）說聲抱歉，但我們永遠不該為了仁慈而殘忍。*

**相反，要善待他人**。用關懷來增強孩子的信心。

譯注

* 〈為了仁慈而殘忍〉（Cruel to Be Kind）是尼克·洛的名曲。

## 孩子的改變看得見

問：如果你今天扔掉負面偏誤藍圖，孩子的行為何時會改變？

答：三個月。

我也希望能夠更快，但一個新行為要變成既定的正常行為，一定會花一點時間。不過，在過程中你還是會看到一些令人鼓舞的跡象。

到了第二週，你會開始克服自己對於擺脫負面偏誤的抵抗情緒。

到了第四週，經由過度學習，你會提高你的誇讚比例，這就能夠證明孩子的行為有了一些改變。

到了第六週，孩子會在目標行為上持續改善。

到了第八週，你會習慣孩子守規矩的次數多過於不守規矩的新模式。（這時候，我們個案的父母會開始詢問治療師：「你還有什麼招數可以教我？」）

到了第十二週，你和你的孩子的新行為模式已經建立了，也鞏固了新藍圖。

有嚴重臨床問題的孩子，可能需要四至五個月的時間才能戒掉壞習慣，一般孩子可能只需要八週時間。但這個策略只要堅持得夠久，久到足以察覺變化，改變就會持續。根據研究及我的經驗，這些干預措施的效果穩定且持久，將注意力集中在正向增強三個月，孩子的良好行為在六個月後、一年後、三年之後還會看得見。以三個月為目標，感覺或許非常漫長，但只要確立改變的方向，不帶偏見的追蹤和良好的行為將成為新的常態。

㊂ **搭鷹架：**為兒童搭建良好行為的鷹架

**架構**

引導你注意焦點去注意孩子的每一件事，而不只是負面的行為。你看到他的全部行為，便能更明白什麼需要改變。

**支持**

提供孩子做出正面改變所需的所有幫助，以三比一或更高的比例，對你喜歡看到的行為表達讚揚，減少因為你討厭的行為而吼罵的比例。

**鼓勵**

給自己打氣，就像為孩子打氣一樣。拔除本能行為需要高度的精神紀律，所以為你所做的努力稱讚自己吧。

## 你對孩子的看法未必「正確」

我和妻子琳達有三個兒子，彼此相差兩歲半。他們長得有點像，在同一個屋子長大，在同一間學校上學。但從氣質、長處和缺點來看，他們是完全不同的人。

老大約書亞從七歲起就聰慧過人，而且能言善辯。他讀小二時，有一個週末我們開車出去辦事，路上聽著廣播，一個電臺節目正在討論社交焦慮。當我們回到家，把車停好後，約書亞說：「先別熄火，我想聽完這個節目。」

於是我們就停在車位上，直到節目結束才下車。然後他說：「爸爸，你其實不懂他們在說什麼，你和亞當（我的二兒子）跟誰說話都可以不經思考，我和媽媽呢，我們都必須先想好我們要說什麼。」

他小小年紀竟然有這樣的自我意識，我感到非常驕傲。而且他說得很對，約書亞和他媽媽走進一個房間時，他們心裡會想：「誰會找我說話？」當我和亞當走進一個房間，我們看了看裡面的人，然後心想：「我要找誰說話？」

那日，約書亞幫了我一個忙：告訴我他是誰。我傾聽他、相信他，這就是給他鷹架支持。我不像許多父母在孩子提起焦慮時會說：「放輕鬆，做你自己，你會沒事的。」如果孩子確實被賦予了「做自己」的自由，他的父母不會三言兩語打發他的焦慮，當孩子認識到自己是誰，父母的鷹架是繞著他的建築成形，這座鷹架不會根據父母認為孩子是誰而限制壓縮孩子。

確認偏誤，通常與同溫層中的意識型態及每個人生活圈子裡的政治及文化情境有關。你相信什麼？你的臉書往來的五百個用戶、你允許進入生活的新聞媒體、你的生活狀態，這些都會回頭印證你所相信的事。但是你可能對孩子做出同樣的「泡泡」思考，根據一些因素，比如他兩歲時的性格、你的性格、你希望你的孩子成為什麼樣的人，而無意識的替孩子繪製一幅藍圖。幻想的藍圖一旦墨水乾了，要編輯或重繪就很不容易。當我聽到像克萊兒這樣的家長說「丹尼爾就會製造麻煩」時，我腦海就浮現示警訊號，克萊兒相信自己對兒子的評價百分之百正確，沒有什麼能動搖她認為自己是「正確」的感覺，不管丹尼爾做出什麼行為，克萊兒都會「翻轉」它，以證實她的既定觀點。

我數不清有多少次，父母帶著孩子來做評估，說：「我不知道怎麼回事，莉莉原本一直都很快樂。」並非莉莉從來沒有快樂過，當她還在蹣跚學步的時候，她也許很快樂，但隨著她慢慢成熟，她的大腦也發生了變化，荷爾蒙開始發生作用，生活出現改變。如果孩子的焦慮或憂鬱嚴重到要帶她來找我，她顯然不是時時刻刻都很快樂。然而，父母真的很不容易看到孩子的真實樣貌，而非他們自己的幻想版本。

確認偏誤是父母的危險盲點，認為自己對孩子的看法是「正確的」，可能讓你以錯誤方式處理需要提供鷹架支持的問題；而堅持認為孩子不是他們自己描述的那樣，像是「放輕鬆，你會沒事的」這樣的話，也會破壞親子關係。不傾聽孩子，拒絕打破你的泡泡，你就是在教孩子別指望你的支持。

## 相信孩子願意改變

假設你的孩子連續兩次數學考試不及格，但在接下來的兩次數學考試中卻都拿到了A，這是否足以讓你改變「孩子數學不行」的看法呢？

可能不會，但應該要足以改變。首先，你的大腦藍圖引導你預測、尋找問題（負面偏誤），然後你設法確認這個負面印象。觀點一旦形成，若要扭轉，則需要大量的對立證據。對於行為改變的人，大多數人很難重新構建對於他們的觀點。因此，如果你心中已經有「我的孩子數學很差」的想法，你可能對這個主題很焦慮，仍然抱持預設的想法，即使孩子後來考得很好，你也無法擺脫對此事的焦慮。替一個數學成績不錯的孩子聘請昂貴的家教，因為他曾經考試不及格，這是過度提供鷹架支持的例子，也是無所作為就能讓孩子成長茁壯卻做得太多的例子。

有個中學生，叫他維克多吧，他不怎麼用功，還敢大膽說出對學校和老師的不屑。他的父母每天早上為了把兒子弄出家門費盡心機，幾乎是用拖的讓他趕上老是故意錯過的校車。為了讓他準時到校，他們一家花了不少錢在優步（Uber）服務上。

維克多勉強讀完了國中，進了高中後，情況居然豁然開朗起來。受到新老師的啟發，他開始用心上課，希望準時到校。他參與活動後，也立刻交到了朋友，並感受到同儕的壓力（正面的那種），開始關心學校，甚至加入了幾個社團。更重要的是，為了做得好，他給自己施加了壓力。

他的父母花了很長一段時間才相信維克多變了。在他高一那年，他們每天早上繼續吼他，叫他不要遲到，好像沒有注意到他一次都沒有錯過校車。儘管他變得自動自發，每晚他們仍舊嘮叨著要他去寫功課。到了高二，他們終於承認他表現得很好，卻一直擔心他過了表現優良的「蜜月期」，又會變得墮落。維克多的母親認為，他這兩年是在假裝用心，目的是要從父母那裡「得到什麼」，而非真正改頭換面。他們活在期待中，等著兒子回到他們所「認識」的那個他。

這個孩子克服了父母相信他永遠是懶蟲的主觀偏見，以全班第一名的成績畢業了，進了一所頂尖大學，找到一份好工作，最後成為一個獨立自主的成年人。說也遺憾，十年後的今天，他的父母還是不放心，擔心他故態復萌，最終災難陷入。

儘管父母對他缺乏信心，維克多仍舊維持他的成功。你應該要知道，他是一個罕見的例外。對於大多數家庭來說，想要長期看見持續的變化，唯一的方法是父母相信孩子，強化一切正在發生的好事，而非堅持認為任何成功都是僥倖。成功不是一條筆直通往月球的直線，這種經驗我們都有過，這一路上會有曲折、轉彎、下降與倒退。但如果孩子（和成人）覺得周圍的人相信他們，支持他們，他們就能更快恢復，回到正軌。

### 在家你該這麼做

**表現出你相信的樣子**。

做父母看到孩子出現改變的跡象時，總會擔心改變不能持久，這種戒心很自然，但它代表父母從根本上缺乏對孩子的信任，這在家庭關係中是不健康的。

信任需要時間。我明白，你的來時路可能充斥著破碎的承諾和幻滅的希望，但身為父母，你的工作就是不管孩子現在在哪裡，你都要去見他。保持積極動力的最好辦法，是鼓勵和支持他現在的良好行為。孩子的確可能故態復萌，如果這種事情發生了，你必須處理，但在那種事沒有發生時，你要活在當下，對眼前的一切做出反應，即使你不相信改變成真，也要表現得像完全相信一樣。

有個父親，他十來歲的女兒有藥物濫用問題，這個父親對女兒的治療師說，「我為什麼要努力？我被騙過很多次了，她說她愈來愈能控制癮頭，我們都祈禱她愈來愈能控制，但結果都是騙人的。」他無法讓自己繼續相信下去。

做人很難，這一點毋庸置疑。人性很複雜，兒童和青少年未必遵循父母認為或知道對他們最好的事，但如果孩子有機會這樣做，他們更有可能改變。鼓勵孩子繼續努力，用資源支持他們，保證即使他們失敗了，你也是愛他們的。

## 自我實現的預言

如果一個孩子一再被告知他是搗蛋鬼、壞學生或懶惰蟲，他最後可能會開始想：也許我就是爛。

我專門研究注意力不足過動症兒童和青少年，注意力不足過動症是一種和大腦有關的心理健康障礙，但這些孩子自小就經常被提醒，這不是生理問題，他們只需要更努力。如果這些孩子到小學高年級都還沒有得到治療，他們確實會開始相信自己懶惰、很難相處、對學校生活不用心，然後表現出相應的行為。

這種偏見成了孩子會自我實現的預言。過動症兒童即使得到有效的治療（無論是從輔導員到治療師的各種支持，還是能使他們集中精神的藥物治療），師長父母也注意並承認他們的進步，孩子仍然會說「我老是拖拖拉拉」、「我太懶了」。說來有點可悲，但外來的偏見和內在的偏見都很難克服。

你的偏見影響你對待孩子的方式，這個影響或好或壞。這種現象稱為「畢馬龍效應」（pygmalion effect），一九六四年，哈佛大學教授羅森塔爾（Robert Rosenthal）已經證實了這個現象。羅森塔爾對舊金山的小學生和教師做了一項有趣的實驗，他設計了一個假的智商測試，上頭壓上哈佛大學的戳記，告訴老師這個新測驗能夠預測學術能力。[8]有十八個班級的學生接受了測試，羅森塔爾隨機選了其中百分之二十的學生，告訴老師，他預測他們的ＩＱ將會「嶄露頭角」。在接下來的兩年裡，羅森塔爾博士追蹤學生的真實ＩＱ，與另外百分之八十學生相比，「嶄露頭角者」的得分飆升，這要如何解釋呢？羅森塔爾博士認為，老師給被選中的學生更多的時間、特別的關注和鼓勵，因而學生的ＩＱ分數提升了。期望原來可以創造現實。

要進一步的證據，你只需要回顧一下自己的過去，你的父母或老師對你有什麼信念，你懷著這些信念走過童年、青春期，也許成年了還是如此？如果你沒有背著他們的期望，你的人生會有什麼不同呢？

請記住，有效的教養鷹架藍圖是「開放式設計」，容許各種的可能，可以接納新資訊，可以探索。它是為靈活和力量而設計，目的是給予孩子最好的支持，讓他成為最好的他。

圖 **搭鷹架：**為青少年搭建開放式鷹架

**架構**

你的生活平面圖要能給予青少年所需的情感交流，這麼一來，當他告訴你他的想法、他需要什麼時，你能真正傾聽他的心聲。

**支持**

到孩子所在的地方去見孩子，而不是等在你認為他應該在的地方。此時此刻，用關懷和積極的強化進一步支持他。

**鼓勵**

期望可以創造現實，所以不要告訴孩子他不能做什麼，鼓勵他盡最大努力，即使失敗了也要繼續嘗試。

「人形龍捲風」丹尼爾的媽媽克萊兒，與孩子在一起的每分每秒都在看著他會破壞什麼東西。她過度執著於負面行為，因而看不見任何的正面行為，確信兒子永遠不會「乖」。克萊兒也向兒子表達了這樣的觀點，天天在家人朋友面前稱他為「搗蛋鬼」，像是利用社交圈來證實自己的偏見，還在這些人和丹尼爾在一起時加強這種偏見。

我向克萊兒解釋，負面追蹤和確認偏誤妨礙了丹尼爾的正向行為改變，她聽了很震驚，原來她的高度警惕和批評正在創造一個自我實現的預言，而需要他人關注的丹尼爾沒有辜負她的期望。

除了向克萊兒說明追蹤和讚賞良好行為的概念外，我也建議她讓丹尼爾接受過動症評估，我說：「他的行為可能不是他的錯。」克萊兒從來沒有想過，丹尼爾，她的小壞蛋、搗蛋鬼，不是故意失控來考驗她的耐心。她最後同意讓丹尼爾接受測試。

不出意料，我們確認了丹尼爾有嚴重過動症。和大多數父母一樣，克萊兒對診斷結果有複雜的感受。一方面，當一個醫學專家承認她的孩子「不正常」，這讓她鬆了一口氣；另一方面，她對兒子的治療選項有疑慮。從她在學校聽來的和她在新聞媒體中讀到的，醫師給美國兒童開了過量的藥物，讓這些難以控制的孩子變成「僵屍」。

過度診斷和過度用藥，[9][10]這是兒科心理學和精神病學領域激烈爭論的兩個話題，但這種討論不代表有症狀的孩子是在假裝，或者只是需要「冷靜下來」。

## 是精力過剩還是過動症？

### 正常

○你的孩子非常活潑，喜歡到處跑、到處爬、到處玩。但當你告訴他該離開遊戲場或改做靜態的活動，他都能做到。

○他充滿好奇心，時常提出各式各樣問題，也能專心聽你回答。

○他在閱讀或玩拼圖時可以集中注意力片刻，等到覺得無聊時，會想做別的事。

○他可以遵從指示，也能知道自己的東西在哪裡。

### 危險訊號

○你的孩子非常活潑，比起靜態活動，更喜歡到處跑、到處爬。

○該離開遊戲場的時候，他會跟你吵架，鬧一會兒脾氣。

○晚餐吃得比較久時，他會坐不住，或者大人在說話時無法專心聽。

○他對任何不感興趣的活動都不耐煩。

○他很難在課堂上集中注意力，覺得無聊的時候會搗亂。

### 反常

○你的孩子常犯粗心的錯誤。

○他很容易分心。

○當你直接對他說話時，他似乎沒有在聽。

○他很難聽從指示。

○他無法井然有序。

○他很少或不喜歡持續的努力。

○他很健忘，老是丟東丟西。

○他老是動來動去，或總愛敲敲打打。

○他很難好好待在某處或排隊。

○他跑個不停，爬上爬下。

○他很難安靜的玩。

○他非常不耐煩。

○他似乎總是忙個不停，好像裝了馬達。

○他愛講話，常打斷別人，或脫口說出回答。

就這個案例，我概述了一個治療計畫，其中當然包括了興奮劑藥物。克萊兒要求要考慮一下。「我聽說Ritalin和Adderall不好，我想自己先做一些研究。」她說。

我認為謹慎考慮很重要，但克萊兒抗拒讓兒子用藥的反應，讓我們看到了數位時代確認偏誤一個不可避免的問題：使用Google和其他搜索引擎來強化教養選擇的偏見。

## 搜尋偏誤和錯誤資訊

從神經生物學的角度來說，當你發現一些東西能加強你的世界觀時，你大腦的獎勵中心就會讓多巴胺（dopamine）濃度激增。得到這種肯定感覺很好，自然想尋求更多的肯定，如果不加以約束，這可能變成一種難以改變的癮。

網路上充滿了能強化你既定信念的資訊，這些資訊讓你感覺良好，因此何必要看其他觀點來反對自己呢？就連我們在Google上輸入問題的方式，也會讓人得到想要的答案，比如「過動症是一種迷思嗎？」、「打疫苗會造成自閉症嗎？」

沒有人對Google這樣輸入問題：「關於疫苗和自閉症之間的因果關係，最可靠的實證資訊是什麼？」

在兒童和青少年精神病學和心理學領域上，有一件事很重要，那就是帶著父母一起研究科學證據，讓他們不要聽取不可靠的資訊來源。

疫苗接種和自閉症的關係值得關注，另一個值得關注的是處方藥的副作用，也就是藥袋上的警語標示。

做父母的可能有一個朋友，或朋友的朋友，聽到一個故事，或讀到一篇文章，提到了自殺念頭和抗憂鬱藥物之間的關聯，於是我每天都要和父母談論搜索偏誤和錯誤資訊。可能有某一項研究成了頭條新聞，不管報導的真實性或報導方式如何，父母們讀了，便開始害怕用藥物治療孩子的心理健康問題。

不久前，媒體廣泛報導一項研究，該研究指稱，五分之一的憂鬱症患者在服用抗憂鬱藥物後仍有自殺念頭。[11]我們有幾個憂鬱症個案的父母在頭條看到這項研究，嚇得魂飛魄散，一位天性焦慮的母親說：「我不敢讓兒子接受治療。」這只是一項研究，而且是引起爭議的研究。事實上，別的研究顯示，醫師開的藥物愈少，自殺率愈高。[12]從我們的角度來看，父母需要擔心的是，如果不治療他們的孩子，可能會發生什麼。

父母對藥物或治療的抗拒（許多人對治療的恐懼大過於對疾病本身的恐懼）源自心理健康問題的社會汙名，他們可能在孩子或自己的醫療干預上有過不好的經驗，許多人像是在醫療保健系統中迷了路，無法獲得他們所需的資源或關注。

兒童心智研究所的使命是教育（在某些情況下是再教育）父母有關治療目標的知識，錯誤訊息加劇了我們正在治療的焦慮和其他疾病，證據顯示，患有焦慮症或憂鬱症的孩子確實可以從藥物治療中獲益，而我們也會密切監測病人的副作用，觀察孩子是否逐漸好轉，我們與家長和教育工作者像團隊一樣合作。

克萊兒說：「我決定讓丹尼爾治療過動症，因為我發現我並不瞭解自己的兒子。我瞭解問題，但我不瞭解他這個人，這麼多年來，我始終以負面的心態看待他，但也知道我們的關係不可能是這樣的。我現在願意嘗試一些不同的方法。」

一年前，丹尼爾開始接受治療，現在他的閱讀能力已經趕上了同年級學童，上課時能一動不動的坐著，也沒那麼容易闖禍了。

「當他又灑了什麼，我不會像以前一樣大叫，我會幫他清理乾淨，然後誇獎他的努力。」克萊兒說，「然後我們繼續聊剛才聊的話題或做剛才在做的事。我可以很自豪的說，他是一個好孩子。看著他的人生展開，我非常雀躍。」

## 發掘孩子的奇蹟

童年是一段充滿奇蹟的時期，孩子能夠也應該相信一切皆有可能。教養兒女的奇蹟，在於看著你創造出來的這個人，然後問：「他究竟是個怎樣的人呢？」

而今我當了爺爺，我知道奇蹟不會停止發生。

我看著孫子心想，他真是個可愛的男孩。（是的，又是個男孩！）當路人在街上對孩子的父母說了同樣的誇讚時，我的看法得到了驗證，他真的很可愛。

後來，我們的朋友們也當上了爺爺奶奶，他們告訴我孫兒是多麼可愛，路人是如何誇讚孩子真是可愛。他們給我看照片時，我一定會發出所有該發出的讚嘆聲，但我心裡有時其實想著，這孩子說不上很可愛，他的長相有些奇特。

那些新手爺爺奶奶就和我一樣，被他們的孩子所創造的生命給征服了，他們可能還需要一段時間才能明白，他們口中那個可愛度爆表的小寶寶，其實並沒有可愛到可以去拍尿布廣告。

我絕不是指責做爺爺奶奶的，或做父母的，一味困在寵溺嬰兒的迷霧中；但是一旦雲霧散開了，我們就必須開始從客觀角度認識孩子的優點和不足。

我和妻子都不知道我們的孫子是個怎樣的孩子，他是會像他的媽媽、爸爸、爺爺、奶奶，還是都不像呢？

現在，他才六、七公斤重，要過很多年才會長大，他會逐漸向我們展現他自己，他和我們也會解開他的身分之謎。當他建造自己的建築時，我們都站在鷹架上提供支持和幫助，一面引導，一面發出讚嘆。

## Ⓣ 釘牢那些踏板！

當你繪製教養新藍圖時，記得善加利用你的踏板。

| | |
|---|---|
| 耐心 | 在你開始強化正面行為後，可能要過三個月的時間，新行為才能固定下來。但要堅持下去，一旦發生改變，它們就能成為新常態。 |
| 關懷 | 永遠不要取笑孩子，就是這樣，沒什麼好再解釋的。成為孩子可以信賴的人，提供善意和關懷。 |
| 覺察 | 聽聽自己所說的話，問自己：「我是否只看到了錯的，或者只顧著必須是對的呢？」如果是這樣，承認你的偏誤，努力修正。 |
| 冷靜 | 憤怒和敵意會讓父母和孩子鎖定在負面模式中，如果你感覺血壓上升，你要知道，接下來不會有什麼正面的事情發生。 |
| 追蹤 | 追蹤孩子的所有行為，不管是負面的還是正面的，好比說，查明他就寢或寫功課習慣是否真的如你想像的那樣糟糕。 |

# 打下堅實的地基

04

Lay a Solid Foundation

親子關係是地基，你在這個基礎上搭蓋鷹架。如果地基是由情感互動、正向增強、明確訊息和一致規則的混凝土澆築而成，孩子就會從堅實的地基開始安全長大。如果這種地基澆灌了劣等的混凝土，混雜了情感疏離、負向增強、模糊訊息和反覆無常的規則，那麼你的孩子會在一個不可靠不安全的地基上艱難成長。

四十歲的史黛西是職業婦女，在大企業上班，她非常擔心十一歲女兒瑪雅的體重。兒童及青少年肥胖是一個嚴重的問題，六至十九歲的美國兒童及青少年之中，有五分之一的人有此問題。[13]在女孩之中，肥胖和憂鬱之間有明顯的相互關係，[14]我理解史黛西的擔憂，但瑪雅並不胖，她是重了一些，但沒有什麼好擔心的。

「我做了很多很多的功課，也投入了很多很多的心血，瑪雅吃沙拉，每天量體重，至少日行五千步。但我知道她會在朋友家偷吃東西，還半夜起來吃零食。」史黛西說，「我有點氣她破壞我的努力，我做的一切都是為了她，她卻好像在和我唱反調。」

我問：「你和瑪雅討論過她的感受嗎？」

「這重要嗎？如果我讓她自己做選擇，她會變胖十公斤。」

我相信史黛西是為了女兒著想，她擔心瑪雅的健康，擔心她在學校被人取笑。然而史黛西為了不讓瑪雅痛苦和尷尬，卻在每一次量體重和用餐時給瑪雅帶來痛苦和尷尬。她以為她的警惕會讓女兒以後更快樂，但瑪雅現在很不開心。

從表面上看，史黛西在為女兒搭建鷹架，提供指導和資源，密切留意瑪雅的進展，藉由作息表和常規給她提供結構。「我每天都鼓勵她，我告訴她『你行的！』、『你能做到的！』，她卻對我翻白眼。」她說。

史黛西希望我能夠解釋瑪雅暴飲暴食背後的心理原因，提供她解決女兒問題的對策。然而真正的問題是她們的親子關係。這位母親試圖在沙地上搭建鷹架，她與女兒每天互動，但母女根本沒有連結。

## 親子關係的根基

每一個親子關係都是獨一無二的，但無一例外的是，如果遵循一種名為「父母管理訓練」（parent management training, PMT）課程的概念，親子關係可以獲得改善。這個課程是漢夫（Constance Hanf）和帕特森（Gerald Patterson）等兒童心理學先驅在一九六〇年代所提出的。請注意，課程名稱不是「子女管理」，而是「父母管理」，因此指的是你為了孩子和你的關係如何改善自己的行為。

以下的每一個概念都符合鷹架核心三大支柱——架構、支持和鼓勵。

**人在心也要在：**這一點很容易理解，但鑑於現代生活的要求，做起來不是那麼容易。

當你和孩子在一起時，心也要和他在一起。不要滑手機，也不要回想與老闆的對話。如果陪孩子玩，或是聽他說這天發生的事時，發現自己目光呆滯，趕緊甩開腦中的雜念，重新把注意力放在當下，放在你正在做的事、你正在共處的人上。

**滿足情感需求：**隨時能夠提供情感支持和引導，如果孩子信任你，願意和你分享他的感受，那就給他你全部的注意力，肯定他的情緒，允許他發洩。讚揚他表達自己的能力，永遠不要跟他說他的感覺是「不好的」或「錯的」。孩子會對真誠做出反應，在理想情況下，當你肯定和探索孩子的情緒時，你是真實可靠的。如果不是，那就假裝你是，直到假戲成真為止。即使你在坦然表達感受方面不大拿手，或者有點生澀，孩子仍然寧願你真誠的努力，而不是懶得去嘗試。

**情緒調節：**把憤怒當成教養工具是沒用的，這只會訓練孩子不聽你的話，除非你發飆。舉一個典型的例子，你用冷靜的聲音叫孩子來吃飯，喊了十次，他都沒有理會，直到你尖聲威脅說，如果不立刻過來吃飯，就要把所有的玩具都扔進垃圾桶，他才會回應你。不是說你永遠不該生氣，那不實際，如果你被激怒，那很正常，你也只是個凡人。但是要注意，生氣的效果會隨著時間愈來愈弱，最後完全起不了作用。

**親子依附儀式：**在治療中，我們會問「你和爸爸會一起做什麼？」，以快速瞭解孩子與父母的依附關係。如果孩子說：「我們每個週日都去小餐館吃早餐」，或者「我們去看巨蟒劇團的電影」，我們知道孩子起碼有一個依附儀式，也就是一件和爸媽會持續一塊做的事，那件事是「他們的」。如果孩子說：「沒什麼，老爸整天忙著工作，週末就去打高爾夫球。」那麼他們的關係需要注意。孩子長成青少年後，他們會逐漸脫離父母，花更多時間與朋友相處，你們一起做的事會愈來愈少，你需要刻意增加可以一起做的事，而且務必一塊去做。

**不批評的優質時光：**我們也把這稱為「特別時間」，用來練習技能，鼓勵孩子聽從你的引導，給予積極的關注。無論你們一塊做什麼，都不要告訴他「做錯了」，也不要接手孩子正在做的勞作或拼圖。你一接手，就流露了批判的意味。如同親子依附儀式，特別時間需要持續發生，你不能今天對孩子表現出興趣，明天又忽略他，那麼一來，你的每一次努力都會顯得像機器人，而且有控制欲，尤其是對青少年來說。

對於必須管理至少十幾個孩子，讓他們和睦相處的老師，這些技巧很有效，[15]對你也會是有用的。實際上，父母管理訓練概念的重點是父母在孩子身邊，心也在孩子身上，親子共度愉快的時光。聽起來很簡單，然而當許多爸爸媽媽面對與孩子互動的現實時，會意識到自己心不在焉，忙於他事，也不冷靜和藹。當你壓力過大，把花時間和孩子相處視為吃力不討好的義務時，往往會感覺養育孩子「只有工作，沒有樂趣」。

但是，當你做了努力，哪怕只是一丁點的努力，視角轉向積極的參與，孩子就會做出反應，突然之間，家中的憤怒、沮喪、嘮叨和敵意會減少許多，歡笑與和諧則是增加了。

## 正向增強的魔力

使用真誠具體的語言，呼籲對值得欣賞的行為給予正面的關注，這稱為「標籤式稱讚」(labeled praise)。把你所看重和讚賞的行為加上語言，你就能幫助孩子。

近年來，有一些關於過度讚美的反駁，認為不斷以「了不起！」和「太棒了！」誇獎孩子，會讓孩子（或成人）變成「讚美上癮者」。這種觀點的邏輯是，每一句誇獎都會給孩子的大腦注入多巴胺，久而久之，孩子就上癮了，他的動機不是任務本身，也不是為了完成任務後的成就感，而是得到讚美。除非期望會得到大量過度的誇讚，否則讚美上癮者找不出做任何事的理由。以空洞的讚美填滿孩子的腦袋，如同用垃圾食品填滿他們的胃，兩者都沒有好處，這一點我同意。

然而，另一方面，對孩子來說，有意義的讚美是純粹的情感寄託。孩子從出生就在尋求父母和照顧者的認可與肯定，確認他們所做的事是正確且美好的。當他們完成有些可怕、需要認真努力的新任務時，比如說學走路、交朋友、開始認字，他們想要分享自己的喜悅，從你那裡得到肯定的掌聲。我知道許多中年人仍然渴望父母的認可，也有很多中年人得不到父母的認可，蒙受著精神上的痛苦。

關於稱讚，有以下幾點可供遵循。

**稱讚必須真心誠意：**孩子比成年人更能判斷真假，如果他察覺到你並非真正相信你正在說出口的話，那麼稱讚就失去了所有的價值，而後當你確實真心誠意稱讚時，孩子也不會再相信你。

**語言必須非常具體：**一句含糊的「你好棒」，還不如「你好棒，我喊你，你就立刻來吃飯了」、「你今天對弟弟很好，雖然他把你的玩具扔得到處都是」、「非常謝謝你幫忙我洗碗」，這種稱讚才能產生深刻的共鳴。明確的說明你喜歡看到什麼行為，孩子就能清楚知道什麼讓你開心。

**讚美行為，不讚美成就：**這一點非常重要，稱讚正向行為是教養鷹架的地基，也是孩子自尊的基礎。假設有一個天賦優異的考生，沒讀書，微積分就考了個A，要是你說：「你真棒！你考得真好！」那麼你就是在告訴孩子，他很了不起，因為他偷懶但僥倖沒事。拿到A是一件好事，但不值得稱讚，除非學生付出了努力。另一方面，假設有一個孩子，複習了幾個小時，結果只考到了C。不是每個孩子都能拿到A或B，一個花了幾個小時複習才能得到C的孩子，應該得到排山倒海的誇獎。你應該要對他說：「你這麼努力準備考試，真是太棒了！」

我們都知道，生活中真正需要的技能是決心和韌性，計算餘弦和整數呢？這些技能並沒麼重要（向火箭科學家致歉）。稱讚努力，不稱讚成績，沒有努力，就沒有掌聲鼓勵。每當孩子展現毅力、好好表達、懂得妥協，或是努力工作，告訴他你注意到了，而且感到非常高興。這麼一來，孩子會重複你誇獎過的正向行為，你也提升了他們的自尊，加強親子關係。在標籤式稱讚的基礎上，建立一個堅實的教養鷹架。

至於不具體的稱讚，像是在足球場邊上大喊「你好棒！」，那也無妨。但要知道，除了你四周的家長以外，這句稱讚對誰都不會產生多大的影響。

還有一點也很重要，就是利用標籤式稱讚來肯定孩子的感受。例如，如果孩子對你吐露一起霸凌事件，你可以說，「你告訴我這件事，也告訴我你覺得很難過，真的很棒。」這麼一來，他會因為吐露這件事而感到安慰。如果他能夠說出自己的感受、談論自己的感受，就能有效面對及處理在這個世界上遇到的事。如果你採取另一種方式，立即逼問他發生了什麼事（這幾乎是所有父母的本能反應），他會覺得焦慮羞愧，溝通的渠道也就關閉了。

如果你希望孩子在某項技能或行為上有所進步，那麼你的標籤式稱讚一次要集中在一兩件事情上，才能達到強調的效果。一旦孩子掌握了這項行為，你就可以開始強調下一個技能或行為。

以大人的角度來說，如果你的老闆讚美了你工作的某一方面，你就會有動力繼續做好。

如果老闆大肆批評，你不會有動力再去做這項工作，可能把它丟給別人，或者找藉口，總之就是不會努力改進。

## 批評也能有正向的框架

正向增強不代表不能批評孩子，當他們做了你不喜歡的事，你必須指出來。

給予孩子**糾正回饋**（corrective feedback）時，不要讓孩子覺得被痛罵了一頓，或是好像被賞了個耳光，應該像是輕輕推了一下，這才能達到鷹架效果。

**對行為進行回饋，而不是對孩子：**如同標籤式稱讚，糾正回饋要盡量具體。不要讓孩子推敲或推斷你在說什麼。明白說明你不贊成什麼，以堅定的措辭強調你的批評不是人身攻擊。例如，「我愛你，但我不喜歡你拿妹妹開玩笑。」

**要求孩子和你一塊得出結論：**假設孩子考試考壞了，你不驚訝，因為當你叫他複習時，他卻跑去打電動。與孩子談一談，聊一聊他對於成績的感受，以及他認為考差的原因是什麼。不管他找什麼藉口，都要把話題引向「他的感受」和「原因」。給他一個機會，讓他自己找出問題所在，接著在他發現答案時稱讚他。如果他不明白，你可以說說你觀察到的情況，比如「我注意到你經常打電動，但沒看到你讀書。」冷靜說出你的觀察，你不是在指責他撒謊或偷懶，你只是在陳述事實。然後，用和藹又權威的口吻說，「我知道你能做得更好。」

**提出明確的指引：**你究竟希望孩子怎麼做？盡可能的具體和明確，以避免混淆。回饋不是發布命令，你不是教官。但是，你是一個權威者，孩子在向你尋求指導。如果要對一個不照時間睡覺的孩子提供回饋，父母可以先發制人，引導孩子的行為，比如：「該睡覺了，去換睡衣，選一本書，到床上去，我五分鐘後就過去。」對於不能確實遵守門禁規定的大孩子，你可以說：「你可以去參加聚會，但請在十二點以前回到家，如果有任何原因你不能在那之前回家，你必須在十一點四十五分前打電話或發簡訊通知我們。」

**給予充分的指導：**糾正回饋必須包括指導。批評行為時，不把話說得太重，這自然很好，但想要改變，還是必須把話說清楚。例如，對於沉溺於遊戲而不讀書的孩子，得向他解釋如何改變自己的行為，才能取得更好的成績，比如，「還記得上次我們談到你顧著打電動，結果沒有複習功課嗎？這一次，我想看你用功讀書。」你可以幫孩子小考來提供幫助。

## 捕捉孩子的好表現

有些父母可能覺得他們所做的就只有讚美、指示、引導孩子做出每一個行為、完成每一個期待。這可能很乏味，但總比另一個方式好！

兒童心智研究所焦慮症中心資深主任布斯曼（Rachel Busman）有一個九歲大的兒子，她給兒子「很多很多回饋，但那就是孩子學習的方式」。她說：「如果你觀察到一個你想常常看到的行為，那就說出來，每一次我的兒子做了我喜歡的事，我就會說：『謝謝你把外套掛起來』，『我喜歡你按照規矩準備上床睡覺。』當我看到我不喜歡的事，我也會指出來。『睡覺時間是八點三十分，我不喜歡看到你在八點四十五分時人沒在床上。』我絕對不會說他是不乖或調皮，那沒有用，尤其對焦慮或敏感的孩子，他們可能會陷入『你好兇！你不喜歡我！』的情緒。」

解讀孩子對於回饋的反應是你的學習機會，布斯曼醫師說：「如果孩子說：『你不喜歡我！』家長需要進一步採取行動，重複他們的回饋：他們很愛孩子，只是不滿意孩子的行為。『你討厭我』這句話，可能是孩子試圖從對話中脫身，或者想把對話變成一場權力爭奪戰，不要掉進陷阱裡，繼續將重點放在糾正行為上。你的指示要簡單明瞭，可能的話，一句話或兩句話就好。講重點就好，不要訓話。」長篇大論或嘮嘮叨叨無法使孩子服從，如果你冷靜傳達你的回饋和指示，傳達一次，你就完成了工作。你可能會需要不厭其煩的重複，但一定得簡潔冷靜。

捕捉孩子糾正錯誤的時刻，給他標籤式稱讚，誇獎他順利接受了你的回饋。你可以這樣說，「我喜歡你用功讀書，喜歡你叫我考考你」、「我喜歡你按時上床睡覺」、「非常感謝你在我要你回家的時間回到家」。

稱讚孩子，你可以要求他們對你的教養方式進行回饋，比方說，「你做了我要求你做的事，你有什麼感覺？」如此一來，孩子可以表達、列舉他們在這個過程中的感受，無論感受是好是壞。

你可能不喜歡孩子說的話，但重點是他們有機會表達自己，而你也肯定他們的感受，例如，「很高興你告訴我，嚴格的就寢規定讓你覺得不舒服，我知道了，我們現在還是要繼續努力在同樣時間上床睡覺。」無論他們說什麼，身為家長，你有權力繼續制定規矩，給予孩子指示和指導。

**孩子不聽話不是因為你：**如果孩子不斷重複你想糾正的行為，不要認為他是故意無視你，或者背後有什麼隱藏的訊息，還是不為人知的敵意。這與你無關，而是孩子健忘或者分心了，或只是沒有明白這項任務多麼重要，儘管你（冷靜的）解釋了很多次（簡潔且立場不變）。對反覆不遵守規定，你該發飆嗎？比如「我已經跟你說過一千次了！把髒碗盤放到水槽去！」這是錯誤反應。你可以用「我是認真的」眼神與平靜嚴肅的語氣來表達你的挫折，引起孩子的注意，不要大吼、不要微笑。你可以這麼說：「我很不高興，我必須一直叫你把盤子放到水槽裡，你沒有按照我說的做，我很難過。」當父母真的不高興了，孩子會有意識，他們知道不良行為會引發負面反應，甚至最愛他們的人也會有負面反應。

**透過語言來保持正向：**說出你想看到的，而不是你不想看到的。說「我想看到你去複習功課」，別說「不要浪費時間玩遊戲了」；或者說「我希望你管好你的手」，別說「不要打人」。過多的「不要」讓人感到羞愧，羞愧不是一個好的動機。

如果某一特定行為不斷重複出現，那麼找出原因可能有助於解決問題。如果孩子已經七歲或以上，到了這個年齡，孩子已經有解釋的能力，父母可以問問怎麼了，為什麼沒有遵守你的指示。

布斯曼醫師說：「我和兒子為了睡覺時間這件事討論了很久，我已經不想再叮嚀他八點半要關燈，他聽到我叫他關燈，可能也有同樣的厭惡感。我把話說得很清楚，但每天晚上，他都沒有按照規定上床睡覺。我問他為什麼，他說，『媽媽，你都沒在聽我說，我現在寫功課要花更久的時間，關燈前我只有十分鐘的時間可以看書，我以前可以看二十分鐘。』我告訴他，他提出了一個有趣的觀點，稱讚他說得非常好。」那麼，他是否多了十分鐘的閱讀時間？「兒子提出了一個很好的論點，但是十分鐘可能會變成十五分鐘，然後我們又會回到同樣的話題上。」她說，「有時你就是得說不行，我告訴他，『我知道你的想法了，但關燈時間是八點半，這不容易，而且很討厭，但這是我的決定。我愛你，晚安。』」

你沒有理由不讓孩子參與，你應該聽聽他的意見，進行民主的協商，但是有權威的人終究是父母。盡你所能傾聽，肯定他的感受，然後做出你的決定，堅持到底，直到應該重新協商的時候。

㊅ **搭鷹架：**為兒童搭建服從的鷹架

**架構**

建立一個回饋的慣例，最好一看到就說，不要把所有要糾正的事留到睡前一次說出來。你的表達方法應該前後一致才能達到效果，要簡短、要清楚、要冷靜。允許孩子跟你談條件，最後則是遵守你的決定。

**支持**

給予充分的指導，讓孩子知道該如何處理你的回饋。支持他們從錯誤中學習的能力，給他們自我糾正的自由。藉由承認他們的感受來肯定他們的感受，你不一定要同意他們對你的回饋，但你必須傾聽。

**鼓勵**

鼓勵孩子繼續做好、繼續嘗試調整，說聲「謝謝」是一個簡單但重要的方法。

## 這不是賄賂，這是行為契約

就像人一樣，「關係」也有情緒。有時，一段關係是幸福快樂的，有時，這段關係出了問題，叫人煩惱不已。親子關係的情緒會隨著你們的互動和干預而改變。

孩子進入青少年時期後，大多數時候，親子關係的情緒可能是惱怒、有敵意的。

當你和一個十幾歲的孩子隔著餐桌對坐時，「捕捉他們的好表現」原則可能失效，因為他幾乎無法保持平和的表情，或是談話時總說你的問題「愚蠢」或「討厭」。

你可以這麼說，「謝謝你坐下來吃晚飯，願意跟我們聊聊你正在上的歷史。」或者嘗試另一種方法：如果他整週晚餐時間都能禮貌的講話，週末就多給他一點零用錢。

當我們提出這個建議時，父母經常會說：「要我賄賂孩子？這簡直是瘋了！」

讓我們修改一下用語。賄賂是回應性的行為，如果孩子沒有做他該做的事，然後你給他錢叫他不要再犯，這是賄賂，我不建議家長這麼做。

我的建議是，提前確認情況，然後主動提供小獎勵或一點零用錢，確保你希望看到的行為重複出現，這種鼓勵孩子遵守家規和好好表現的鷹架策略稱為**行為契約**（behavioral contracting）。

舉個例子吧，假設你要帶十幾歲孩子去安養院探望年邁的祖父母，這件事他可能不太樂意做，出門之前先確定契約的條款、你想看到的行為和最後的獎勵。例如，「我希望你能和爺爺聊聊你的功課和課外活動，和你遇到的人握手，盡量保持笑容，保持耐心直到我們離開。你能做到這些，我就給你五百元的獎勵。」孩子履行契約的話，就能拿到零用錢，如果沒有，就不給他。

他會發現，如果他遵守這個協議，最後反而會慶幸自己這麼做了。

針對未來行為的獎勵，不管是點心、小玩具、額外的半小時螢幕時間，還是零用錢，也稱為**外在增強物**（external reinforcer）。

外在增強物能激勵兒童（成人也是），讓他堅持到底，就好像你的老闆告訴你，工作某個方面如果提升，會給你加薪或發獎金，那麼老闆就是用外在增強物來激勵你。承諾未來獎勵，能夠激勵努力工作和良好行為。

我們的大腦天生就會尋求獎勵，我們會花一整天的時間想著我們為自己贏得的小禮物。對某些人來說，辛苦工作一天的獎勵，可能是上酒吧小酌一杯、做做SPA、上瑜伽課、購物。

鼓勵你自己還有孩子，把好的表現和好的事物連結起來，這從心理角度是說得通的。

換言之，獎勵本身必須與付出的努力相匹配，小努力得到小獎勵，也許只是口頭上的稱讚。在家庭文化的背景和方便的條件下，重大的努力應該得到更大的獎勵。在某些家庭中，如果孩子的成績能從C進步到B，或者從B進步到A，一兩千元獎金是正常適當的，在其他家庭，可能就有些過頭了。

暫且拋開孩子應該「自動自發的」去做正確的事，也就是**內在推動力**（internal motivation）的觀念。

你可能不想利用外在的附帶條件，讓孩子做一些他做了應該感覺良好的事，因為這才算是健康，才能提升他的技能，或是讓他更獨立。但你想要他做的事，可能不是他所重視的任務，青少年或許有內在推動力，但那只限於他們個人關心的事，像是額外的特權。各位爸爸媽媽們，很抱歉要這麼告訴你們，但是你們對於青少年的要求，好比一般的禮節，對他來說可能不是那麼重要。

回憶一下你十五歲的時候，你常常覺得很尷尬，爸媽請來家裡做客吃飯的人講了非常討厭的話，你還得對他們彬彬有禮。長大後，我們都忘了小時候要控制自己的衝動、「守規矩」、做你其實不想做的事是多麼困難。

藉由行為契約和提供外在推動力，你會幫助孩子做一些最後他們自己就樂於去做的事，到了那個時候，他們的內部推動力終究會啟動，他們會為了自己而做。當那個過程隨著時間推移而發生了，你就可以縮減該方面的獎勵，然後使用外在推動力這個工具，鼓勵其他的技能或行為。

這聽起好像有交易色彩，但我們更喜歡說這具有功能意義。每一個人的行為，不是有一個內在獎勵，就是有一個與之相關的外在增強物，與其抵抗人類本性，不如想想如何在教養方面善用「交易」。

做了這麼多需要技巧的教養努力後，你得到什麼獎勵？與孩子的良好關係？一個獨立的成年孩子？讚美？一張鈔票？

如果你期盼孩子說聲「謝謝」，那麼可能要等上一段時日。沒錯，你給他們換過一千次尿布，花了一大筆錢給他們買衣服、買食物、繳學費，你家那個臭臉的青少年，只是為了有手機和領零用錢，才勉強維持著禮貌，如果不是為了他，這十五年來，你年年都去了夏威夷茂宜島度假！

但要知道，很少有十八歲以下的孩子能對父母為他所做的犧牲表示感謝。孩子有兩個主要的感恩階段，第一次發生在孩子長大後首次獨立生活，第二次是自己也當了爸媽的時候。因此，在他們離家上大學以前，你只會偶爾得到真誠的讚揚。把他們的正向行為當成自己的獎勵吧，然後將這項交易當成是你賺到了。

㊞ **搭鷹架：**為青少年搭建服從的鷹架

| 架構 | 支持 | 鼓勵 |
|---|---|---|
| 建立一個良好行為契約慣例，一開始，利用外在推動力教會他們技能，接著這些技能最終會成為他們自己的內在獎勵。 | 把好的表現與獎勵連結起來，這就是在支持孩子發展他可能不願意學習的生活技能。 | 容許孩子不說「謝謝」，青少年的大腦還沒有完全發育成熟，不懂得感恩。 |

**當孩子就是不聽話時**

「幾年前，迪倫五歲大的時候，我們去逛街，我不肯給他買玩具，他就發了一頓脾氣，大吵大鬧，還得讓店裡的保全幫我把他從地板拖走，我們才能離開。」迪倫的母親艾美說。

現在迪倫七歲了，艾美帶他來做評估。「回家路上，他在車上一路尖叫，害我差點出了車禍。下一次，他又和我一起去逛街，他從架上拿了一個玩具，我就讓他買了。我知道這麼做不對，但我很害怕他又會鬧起來。從那時起，迪倫就知道他摸透了我的底，我說什麼他都不肯去做，我叫他把外套掛起來，還是把玩具收好，他就在屋子亂丟他的東西。我替他撿東西撿習慣了，因為收拾比吵架輕鬆。我唯一會真正生氣的時候，是他弄壞了妹妹的玩具，他好像為了洩憤故意這麼做。如果我不照他的要求去做，那就慘了，他晚飯想吃什麼，我不煮給他吃，他不是不肯吃，就是把食物扔到地上。說實話，有時候我好討厭兒子，如果你問他，他可能會說他也好討厭我。」

艾美不停用「反抗」和「對立」來描述迪倫的行為，她的直覺是正確的，我們診斷這個男孩患有「對立反抗症」(oppositional defiant disorder, ODD)，大約有百分之三的兒童青少年有這個疾病，不管是青春期前後，男孩患者都比女孩患者多。[16]

有反抗行為問題的孩子會逼得父母極端的縱容他們，希望給孩子更大的支配空間，讓他們可以聽話，但縱容的策略反而強化孩子的不良行為。在艾美經歷把孩子從店裡拖走的那場惡夢之後，她似乎意識到她和迪倫陷入一種不良模式，這種模式以他的尖叫開始，到她徹底投降結束。每次她吼回去或者讓步，親子間的行為慣例就會變得更根深柢固，而在這個過程中，迪倫學會了發脾氣是得到他想要的東西的最好方法。

### 是對立反抗症嗎？

| 反常 | 危險訊號 | 正常 |
| --- | --- | --- |
| ○孩子脾氣異常暴躁。<br>○孩子動不動就發脾氣。<br>○他很容易生氣。<br>○他與權威者爭辯。 | ○孩子用憤怒或挑釁的語氣頂嘴，但最終還是會聽從權威者的指示。<br>○孩子有時會違反規定，如果他為自己的行為承擔後果，他會從錯誤中吸取教訓。<br>○孩子以干擾他人為樂。<br>○他的脾氣可以持續十分鐘以上。 | ○孩子有時會頂嘴，但會聽從權威者的決定。<br>○孩子以一種健康的方式測試規矩，但大部分情況下還是會遵守規矩。<br>○孩子可能會惹人發怒，但不一定是有意的。<br>○他的脾氣會持續幾分鐘。 |

對立反抗症有一個特點，那就是會給家庭帶來巨大的傷害，每個成員都受到影響。艾美提到兒子會故意欺負妹妹，我猜測迪倫怨恨妹妹奪走了媽媽的時間和對他的關注，他以憤怒表達自己的感受。這不能怪艾美，雖然是她造就了這個局面。同時也不能怪小男孩，孩子在無意識的努力下反覆嘗試發現，原來反抗可以讓他繼續要什麼有什麼。

為了診斷，我們的治療師詢問艾美，迪倫在學校是否像在家裡一樣難相處。她說：「沒有，他可能去招惹其他孩子，也會發脾氣，但沒有和我相處時那樣壞。」

這就是線索。對立反抗症的孩子更有可能反抗熟人，部分原因是這種互動已經發生過多次。在學校裡，他對環境的控制力較弱，因此對立和反抗的行為可能行不通。

孩子只會對父母態度惡劣，這對父母可能是傷害，但這也可能是一個正向的指標，說明孩子有能力改變。即使是被診斷出患有對立反抗症[17]或過動症[18]（或兩者皆有；這兩種病經常同時出現）的孩子，如果採用我在本章介紹過的父母管理訓練策略，像是使用正向增強、滿足情感需求、對行為設定明確的期望，也都有良好的反應。

我們與艾美和迪倫合作，以雙軌方式進行，對父母和孩子採用行為修正策略，孩子另外輔以藥物治療。對這個家庭真正起作用的策略是，艾美忽略不良行為，只稱讚良好的行為。當迪倫把晚飯扔到地上時，她沒有吼著要他清理乾淨，也沒有為他另外準備食物。她把食物留在原地，什麼也沒說。男孩明白他沒辦法得逞，吃了一口，她就稱讚道：「我很感激你吃了我煮的晚飯。」當艾美不給玩具或零食時，迪倫在公共場合大吵大鬧，她就盡快把孩子帶到一個私密的地方，讓他的怒氣平息下來。但她沒有大吼，也沒有哀求他停下來，等他安靜下來後，她說：「謝謝你讓自己冷靜下來，你能做到這一點，很棒。」

經過幾個月的治療，正向增強施展了魔法，迪倫的症狀逐步改善。最重要的是，母子二人改寫了他們的關係，他們有快樂的時刻，也有摩擦的時刻，但終究從一個堅實的新地基上建立了情感連結。

## 黃金守則

那位擔心十幾歲的女兒瑪雅體重的母親史黛西意識到，她們母女的時光充滿了批評，沒有人會說那是「優質」時光。她不是在糾正女兒的行為，是在試圖控制她的行為，她們每一次的談話，都在說瑪雅失敗了，她們唯一共有的儀式，是史黛西強迫瑪雅量體重、計算碳水化合物。至於情感互動方面，史黛西從來沒有詢問過瑪雅的感受；對於女兒的不服從，她表現出了憤怒和沮喪。

如果我問，「當你的孩子不做你希望她做的事，你會不會傷害她的身體呢？」史黛西可能會覺得這個問題冒犯了她。但是根據密西根大學安娜堡分校（University of Michigan in

Ann Arbor）心理學家在二〇一一年的研究，[19]當一個人感受到強烈的社會排斥時（在這項研究中是指與戀人分手，但只要是感受到自己被拋棄的情況都適用），這個感受會活化與身體疼痛相同的大腦區域。情感上的痛苦也是會「痛」。並非史黛西對女兒的批評與不顧她的感受，如同往她肚子打了一拳，但對瑪雅來說，感覺是一樣的。

要成為女兒的鷹架，史黛西需要管理自己的行為，以自己希望被對待的方式對待瑪雅——用愛、關懷和善意。

起初，史黛西無法自然捕捉到瑪雅的好表現，但是當她開始尋找可以稱讚的正向行為時，她居然發現了很多。瑪雅是一個慷慨的朋友，在閱讀和繪畫時表現出非凡的專注力，而且能夠勤奮完成作業，也妥善照顧家中的狗，這類例子不勝枚舉。

「瑪雅是一個很棒的孩子，這我當然早就知道了，但我沒有重視她所有的正向特質和行為，覺得那是理所當然的。現在我開始注意了，而且大聲說出來，瑪雅似乎覺得我很可疑，這讓我覺得很不好意思。」

我鼓勵史黛西堅持下去。我發現孩子通常需要一個月左右的時間，才會慢慢接受父母朝積極方向做的轉變。然後，他們來治療時會說：「我媽最近對我很好，好奇怪……但我喜歡這樣。」

幾個月後，我再次見到史黛西，很開心聽說她和瑪雅的關係改善了許多。「最大的變化發生在我們晚飯後一起遛狗的時候。」她說，「瑪雅本來是自己遛狗，我鼓勵她去遛狗，這樣能夠多走幾步路。有一個晚上，我也跟去了，想看看能不能有一些沒有批評的優質時間。一開始我們講話很尷尬，但後來聊狗、聊看到的東西，隨意的聊。」

二十分鐘的步行延長成一個小時，這位母親很想說她們多走了幾千步，但她忍住了。

史黛西對我說：「關於食物或瘦身的討論我都先放到一邊，要是提起這個話題，我簡直可以看到瑪雅把門關上。」

透過共度這段時光，母女開始相互瞭解，瑪雅最後說出了她對於體重和母親的監督的感受。「她告訴我，每次我叫她去量體重，她都好想哭，我聽了心都碎了。我發現，比起她五十歲時心臟病發作的遙遠威脅，眼前的憂鬱症和自卑的風險重要得多。」她說。

史黛西將精力轉移到建立女兒的信心上，給予她標籤式稱讚和正向的關注。漸漸的，在散步時，瑪雅愈來愈敞開心扉，願意談論自己的感受，而史黛西以肯定和支持當女兒的鷹架，家中氣氛從緊張轉為輕鬆，母女關係也愈來愈親密。瑪雅不必躲去朋友家（而且習慣在那亂吃垃圾食物），結果體重反而降了一些。最重要的是，她的情緒大幅好轉，這都是因為史黛西改變了自己的行為，而不是要求女兒改變行為。

「我以前不是在幫她，現在我知道我是在幫她，這感覺很好。」史黛西說。

## Ⓣ 釘牢那些踏板！

穩固的親子關係是孩子成長、學習獨立和培養韌性的基礎。想要穩固基礎，勤加練習你的鷹架踏板策略吧。

| | |
|---|---|
| 耐心 | 即使要重複一千次，你也要不斷給孩子糾正回饋，直到孩子明白為止。然後再繼續下一個技能，再下一個。 |
| 關懷 | ・用稱讚和獎勵來加強正向行為。<br>・滿足孩子的情感需求，把心放在孩子身上，你就能肯定孩子的感受，鼓勵他敞開心扉，分享他的感受。 |
| 覺察 | ・在有用的回饋變成嚴厲的批評之前檢視自己。<br>・仔細看看你的時間表，確保每天有優質的家庭時間。 |
| 冷靜 | 說出你喜歡孩子做了什麼事來建立回饋，始終用平靜清晰的口吻傳達，憤怒和嘮叨不會讓孩子順從。 |

# 保持穩定

# 05

## Hold Steady

即使你已經確保了自己的安全，繪製了美麗的藍圖，澆築出堅實的地基，生活中難免有這樣的時候——你的鷹架，以及孩子的建築，被你無法控制的情況所動搖。

當世界在你腳下顫動時，拿出情緒技能工具箱，擰緊每一層鷹架的每個螺栓和螺絲釘。如果鷹架被不幸的、不可預期的情況弄得搖搖欲墜，你的孩子會變得脆弱，被迫面對他們還沒有發展出能力來應付的情緒和經歷。然而如果你保持穩定，固定好鷹架，就能引導孩子走過人生的動盪時期，讓他們自信、安心又安全的走出來，準備好面對下一個挑戰。

小時候，每年我都會參加過夜夏令營。營地很普通，我們做運動、學游泳、做勞作，最後有一場表演。聽起來很有趣，我知道，但我很討厭那裡。除了離家八週的分離焦慮之外，我也缺乏在夏令營度過愉快時光的必要技能，像是知道如何接棒球。我還記得清清楚楚，我站在二壘心想：「跑者就不能從一壘跑到三壘嗎？我每一次都要跑嗎？」謝天謝地，後來我換到了外野，但我也只是站在那裡做白日夢，沒有關心內野的情況。

我父親很有運動細胞，是大學足球明星，希望我能像他一樣熱愛運動。他無法理解我何以不是天生的運動員，很早就決定自己沒有耐心教我技巧，他完全放棄在運動方面給予我幫助。在我的技能組合中沒有「擊球、接球、投球」，這個缺口肯定給我後來的青春期帶來一些問題，如果我參加體育運動，我在初中或高中時的社交生活無疑會更輕鬆。

後來我當了爸爸，希望三個兒子學會我缺乏的技能，所以一定要他們學會游泳、打網球、踢足球、打棒球。我從沒幻想他們會從小聯盟升上大聯盟，也絕不要求他們非常出色，我只是希望熟悉運動能讓他們的人生更輕鬆。

約書亞八歲時，我和妻子琳達決定送他去參加過夜夏令營。琳達小時候很喜歡夏令營，她是天生的運動健將，而且從來不會想家，說不定她對夏令營的熱愛會傳給兒子？約書亞會接棒球，我想他應該會喜歡夏令營吧。

到了探親週末，約書亞撲到我們的懷裡，抱得有點太緊了。我問：「夏令營好不好玩？」他說：「我想回家。」

只要看一眼他的眼神，我就知道他和我同樣討厭夏令營。我盡職做了我的鷹架支持，我設法事先提高他喜歡夏令營的機率了。我又驚訝又失望，心想：「但是……但是……你會打棒球！我給了你工具箱。」

為了找個隱私的地方聊聊，我們去林裡散步。「好，告訴我，你為什麼想回家？」我說。「我很不開心，這裡沒有人愛我。」他這麼回答。就這樣，我幼時在夏令營所經歷的分離焦慮感湧上心頭，而且是十倍的焦慮感，因為這一次我替我的寶貝孩子感受到了。淚水湧出，我就是忍不住。

約書亞說：「爸爸，不要哭。」

一個有感情的人，如果他八歲的兒子說，他感覺沒有人愛他時，怎麼能不哭呢？

我說：「你難過的時候都可以哭，我現在很難過！」只是……在約書亞面前哭並沒有讓我好受一點，我相信我這一哭他更難過了。沒錯，如果你不開心，我建議就讓眼淚流下，這樣很好，但不要把孩子的傷心和自己的傷心混為一談，兒子帶著一個問題來找我，他覺得沒有人愛他，而我的反應卻是用我的感受來加重他的負擔。由於我和夏令營有過不愉快的歷史，把他送進一個我討厭的處境，我感到矛盾，此外，我也非常內疚，還想到一些昔日的傷痛：我沒有成為父親理想中的運動健將，我讓父親失望了。

沒有十全十美的父母，你不是，我也不是。在這一章中，即使你的孩子的世界正在崩潰，你也要擰緊鷹架的螺絲釘，保持穩定，我的「約書亞去夏令營」的故事就是個壞例子！

## 父母驚慌失措，會讓孩子也驚慌失措

身為父母，我們都能感受到孩子的痛苦，他們痛，我們跟著痛，他們的傷心令我們傷心。當他們沒有獲邀參加派對或獲選加入校隊時，我們的心也碎了。當他們承受焦慮或憂鬱之苦時，我們恨不得替他們承受痛苦，以減輕他們的痛苦。在朋友關係中，同情和分擔痛苦是有益的，但你不是孩子的朋友，無論你的情緒有多麼強烈，你都有責任控制住情緒。

孩子絕對沒有義務當你的感受的鷹架，孩子扛不住，這對他們不公平，會造成親子相互依賴，也會給孩子太多的權力。幫助有煩惱的孩子，最好的辦法是樹立榜樣，加強情緒處理和自我控制，教導孩子如何面對被拒絕、不安全、擔憂和悲傷的感受。

父母經常說：「我絕對不會把我的感情倒在我的孩子身上！」卻沒有意識到他們始終以不易察覺的方式在做這件事。假設孩子考試考壞了，你對他說：「向我保證，你下次會考好。」孩子不能保證未來的成績！你這是在要求女兒或兒子撒謊，讓你對她或他考差這件事感受好一些。此外，孩子會開始擔心，這個家中只許成功不許失敗，萬一她或他達不到這個標準怎麼辦呢？

孩子突然被迫面對超出他們能力所能應付的壓力、憂慮和責任。

## 小問題大學問

梅爾文有一個八歲的兒子，就叫他史考特好了。梅爾文告訴我們所內一個治療師，他和史考特一塊到住家附近的遊戲空間，參加某個同學的生日聚會。「他在家中沒有表現出社交焦慮，我想親眼看一看他和同儕相處的情況。」梅爾文說：「我們走進去，所有孩子都在玩，在彈跳床上跑來跑去，在海綿池裡玩，玩得很開心。史考特也開始跑來跑去，但是他會避開別的孩子，別的孩子也避開他，好像他的四周有一個力場。他看起來是挺開心的，只是他活在自己的星球，他回頭向我揮手，我的心都碎了。」

梅爾文決心訓練兒子怎麼交朋友，所以帶史考特去參加生日聚會時，他會錄影，然後重播給兒子看，討論他可以說什麼或做什麼吸引別人和他一起玩。梅爾文說：「沒用，他討厭那些影片，我逼他跟我討論，他就變得生氣不安。但我堅持認為，如果他聽我的話，他就會交到朋友，下一次聚會就能玩得很開心。後來我才意識到，我想給他打氣，幫他克服焦慮，結果反而是加重了他的焦慮，也讓自己成了騙子。」

如果你懷疑某種情況對孩子是挑戰，我建議你強調他能夠挺過去的能力，不要說「一定會很好玩的！」給他壓力，而是實際一點說，「可能很好玩，也可能不好玩，但總是值得去看看。」

父母應把力氣放在狀況發生以前你所能做的事情上，鷹架支持的方式可能是陪孩子逛街，給他買新衣服讓他感到自信，也可以事先安排和派對主角一起玩，讓兩人互動更自然。孩子將要面臨挑戰，想想你可以做些什麼來協助他。從長遠角度來看，八歲孩子在派對上玩得開心與否並不重要，但不管怎樣，重要的是你要支持他面對困難的能力。

梅爾文的「讓我們看影片檢討」的做法，對足球教練在賽後分析檢討可能有用。但在這種情況下，這是在要求史考特重新體驗不舒服、甚至是輕微的創傷經驗，更可能導致焦慮，而不是提供高見。並非說你不該在派對後檢討，你可以，只要你多傾聽少發言。在治療中，如果病人偶然提到一些似乎完全隨口說出的事，我們會記錄下來，那些不經意提到的內容幾乎都與問題有關。例如，如果一個女孩子說派對主角的新裙子多麼漂亮，卻沒有提到她自己的新裙子，這可能值得進一步探索。如往常一樣，以安慰的話提供鷹架，對她說，「嗯，我喜歡你的裙子，穿在你身上很好看。」讓她敞開心扉。

每當孩子的困境使你感到恐慌或無助時，你必須停下來提醒自己，你的痛苦排在孩子的痛苦的後面。有個熟人告訴我，他突然接到住家附近醫院打來的電話，「我十三歲的女兒過馬路時被計程車撞了，緊急送進了急診室。」她說，「我嚇呆了。」這個做母親的趕到醫院，發現女兒的腿斷了，心裡痛苦不已。眼見孩子受到折磨，她「不戰則逃」的反應變得異常強烈，因此她沒有坐在女兒病榻邊上安慰她，反而去找她能找到的每一個護理師、醫師或技術員，要求他們來照顧孩子。

這位母親的第一直覺是馬上求助，做父母的眼睜睜見到孩子在受苦，很自然想要採取行動讓孩子停止受苦。然而，當父母因為孩子的（和自己的）痛苦而驚慌失措時，是無濟於事的。女孩孤單單躺在急診室，比起一顆藥丸，她更需要的是母親在身邊安慰她，告訴她一切都會好起來。這個母親回到女兒的床邊時，她已經安慰不了女兒了，她以為自己在幫助女兒，卻屈服於自己的痛苦，讓情況變得更糟。

## 面對危機要有控制力

重點不是你的感受，而是提供孩子鷹架支持，讓她能夠處理她的感受。當孩子表達了困難的情緒時，如果父母表現出強烈的痛苦，那麼孩子日後會在表達自己感受時覺得焦慮，也學到了要隱藏自己的感受。但如果面對孩子的痛苦，你的回應是同情和關懷，孩子就能學會公開表達自己而不感到羞恥，對別人也會更有同理心。[20]日後孩子長大了，她與人互動的成功關鍵，就在於你今日在你們的互動中保持穩定的能力。

然而在某些情況下，父母不驚慌失措顯然很荒謬的。但對於一個經歷悲慘事件的孩子來說，你能做的最好的事，就是成為一股穩定的力量。

我們有一個十幾歲的個案遭到老師強暴，這是非常痛苦的經歷，我們用了幾個月的時間治療她的PTSD（創傷後壓力症候群），她最後能夠說，「這不是我的錯，我沒有做錯任何事。」侵擾她的想法和惡夢減少了。

不幸的是，母親的進步遠遠落後於孩子。母親對自己未能阻止強暴感到非常內疚，儘管她根本阻止不了。她深信女兒的人生毀了，只要與男孩子接觸（包括男性朋友）都會進一步傷害她，更不可能約會談戀愛。在母女一起參加的治療中，這個母親總是流眼淚，談到強暴和隨之而來的內疚對她的影響，她每次都會哭著說：「全是我的錯。」女兒回答：「我沒有怪你。」這個母親持續的危機延長了女兒的痛苦。

兒童心智研究所創傷療癒科主任霍華（Jamie Howard）說：「即使家庭陷入危機，處於只能以『失控』來形容的情況下，父母仍必須在孩子面前控制住情緒。」

霍華醫師曾經帶著家長和教師走過一些可怕的經歷。

二〇一二年十二月，康乃狄克州紐敦市桑迪胡克小學發生大規模槍擊案，二十八名師生罹難，此後，兒童心智研究所治療師服務過數百名遭校園槍擊事件影響的個案、家長和教育工作者。對於一些家長和教師，我們建議他們為自己接受PTSD諮詢，其中一定要包括如何在孩子和學生面前表現出冷靜的訓練。

害怕在校園遭到槍擊，這是千禧世代和Z世代的學子（以及他們的父母）獨有的恐懼。霍華醫師說：「很多家長對於學校辦理槍擊演習感到惶恐不安，影響了孩子。我問孩子時，他們並不害怕，對他們來說，槍擊演習和消防演習沒有什麼不同，不過是平日上學的一部分。孩子感受到的是，父母比他們更害怕。」那些真正嚇壞的孩子（表現在做惡夢、不願或拒絕上學上），他們的父母在家裡通常念念不忘近期的事故。

「對於父母，我們著重的是能力。」霍華醫師說：「如何提高保持安全的能力？應該採取什麼措施？需要學習或者練習什麼？」其他更大範圍的意外事件，像是校園槍擊、公共衛生事件、犯罪風潮、自然災害，可以通過**應變力指南**來減少焦慮。

簡單來說，應變力指南就是：

**做足準備：**每一次和孩子討論都應該著重於如何保持安全，而不是討論這個世界有多麼不安全，多麼危險。根據美國疾病控制和預防中心二〇一九年的一項研究，你的孩子在校園中遭到槍擊殺害的機率是兩百萬分之一。[21]告訴你的孩子：「你大概永遠不會遇到校園槍擊事件，但如果真的發生了，你知道逃生出口在哪裡，你做過演習，你知道該怎麼做。」

**發出一致的訊息：**為了避免混淆，可以聯繫學校，瞭解校方如何陳述校園槍擊事件和他們的安全計畫，然後在家裡以同樣的方式描述。

**處變不驚：**如果孩子回家說：「我們今天做了槍擊演習。」請冷靜回應，但不要輕輕帶過，「那很好啊，寶貝」聽起來像是你不在乎。你可以在平靜溫和的情況下表達你的關心，以正向角度看這件事，說：「這個演習聽起來很有用，練習各種不同的方法來保持安全，很好。」

**保持理性：**焦慮促使我們做準備，但是當焦慮凌駕於適應功能之上，它就成了障礙，人會開始相信他們怎麼做都阻止不了災難發生，對於發生率極低的事件，或是即便發生了也沒那麼糟的事，他們產生過度的擔憂。如果事前準備做得太過頭，也無法減輕焦慮，反而還會加重焦慮。在恐慌的狀態下，你找不到解決問題的辦法，因為你不能清楚思考，這對誰都沒有幫助。

## 情緒難以自持怎麼辦？

我提醒一位母親在孩子面前調節自己的焦慮後，她說：「科普萊維奇醫師，我到底該不該以身作則，表達自己的情緒呢？」

心煩或是氣惱都是生活的一部分，我們都經歷過恐懼、害怕、悲傷、沮喪、困惑、驚慌，我們也都需要教育，可怕的感覺是生命的一部分，重要的是我們如何面對。讓孩子知道，情緒不能控制你，你在經歷這些情緒的同時，也在控制自己。

霍華醫師說：「你不會想示範如何做一個機器人，兒童心智研究所經常遇到處理悲傷的情況，比如，孩子的祖父母即將離世，或者已經去世了。孩子的媽媽或爸爸就快失去他們自己的媽媽或爸爸，父母會感到悲痛，這是很自然的，所以盡情哭吧。如果孩子因為看到你難過而驚慌失措，就說：『我很傷心，我會很想念奶奶，所以我現在哭了，但我不會一直傷心下去。』」

以身作則，引導孩子適當的（而非誇張的）表達真實的情緒，教導孩子情緒本身的機制，這就是替孩子提供鷹架。例如，悲傷的機制是，人會對失去的東西感到悲傷，這種感覺很正常，也很健康。悲傷終究會淡去，心情會再度好起來。

說也很巧，當我和霍華醫師討論父母示範悲傷的榜樣的話題時，她獲悉自己的母親因肺炎緊急送醫。她說：「我女兒才四歲，她顯然跟我一樣驚慌，我擔心我媽媽，她察覺到了，我不打算假裝不受影響，但我也不打算開始嚎啕大哭，所以我就對女兒說：『我真的很希望外婆沒有生病，醫院不是一個有趣的地方，但那裡有藥，有醫師、護理師，他們正在非常努力想讓外婆好起來。等外婆回家躺在自己的床上休息，我的心情就會好起來了。』」

就連一個四歲小孩都能看出媽媽心煩意亂，如果在當時情境下，「心情不好」是有道理的，那麼你絕對可以心情不好，外婆在醫院，這怎麼不令人擔憂呢？這個憂心可以、也應該表現出來。

讓孩子感到恐懼的是，父母在沒有解釋的情況下表達出強烈的情緒。如果爺爺奶奶緊急送醫後，你對孩子說，「奶奶會沒事的！」結果卻歇斯底里的痛哭，孩子自然會感到困惑。困惑會引起孩子的焦慮，如同困惑會引起成人的焦慮。

與成人不同的是，孩子不懂得如何處理矛盾的訊息，如果負責他們安全和生存的成年人表達的情緒過於強烈，不符合已知的情況，這種經歷會讓所有年齡層的孩子不知所措，他們不是嚇壞，就是把自己封鎖起來。

當父母試圖完全不表現情緒時，孩子也會感到沮喪。

我們很多人在虔誠執行「在孩子面前不要這樣！」這個理念的家庭中長大。

華盛頓州立大學（Washington State University）研究人員研究過父母對孩子隱藏自己情緒的影響，讓一〇九位父母（大約半數是母親，半數是父親）做一項會誘發壓力的任務：在公共場合講話，接受負面回饋。完成任務後，他們立刻走進一個房間，和自己的孩子一塊玩樂高積木。一半的父母被要求刻意向孩子隱瞞被觀眾喝倒采的壓力，一半的人則被告知「表現自然」即可。[22]

華盛頓州立大學人類發展系助理教授沃特斯（Sara Waters）告訴《科學日報》（*Science Daily*）說：「試圖壓抑壓力的行為，讓父母陪孩子玩樂高時不大積極，提供較少的指導。但這影響的不只有父母，這些孩子對他們的父母也減少了反應，反應也不那麼積極，彷彿父母正在傳遞那些情緒。」[23]

比起壓抑情緒，更健康的方法是：讓孩子看到你遇到困難、感到苦惱，然後處理並解決衝突。

沃特斯告訴《科學日報》：「讓孩子看到整個軌跡，有助於他們學會調節自己的情緒和解決問題。他們看到問題是可以解決的，最好是讓孩子知道你覺得憤怒（或者悲傷、害怕、困惑、失望）然後告訴他們你將採取什麼行動來改善情況。」

這條規則有個例外：父母彼此間的激烈爭吵應該關起門來。

## ㊣搭鷹架：為兒童搭建情緒控制的鷹架

### 架構

盡量著重在應變能力上，減輕孩子（和你自己）對於「失控」情況的不安感。如同學校的消防演習和槍擊演習，你應該做好準備，定期檢視情緒。

### 支持

父母藉由示範處理困難情緒的能力，以及解釋情緒的運作機制，加強孩子的應對技能。

### 鼓勵

如果你驚慌失措，孩子也會驚慌失措。對孩子分享的任何情緒做出冷靜的反應，才能鼓勵孩子說出自己的感受。

### 親子角色互換

如果孩子暴露在你極端的情緒中，被迫經常要安慰你，他們在適應過程中會發展出不健康的成人行為。在父母有精神疾病、吸毒、酗酒、殘疾和離婚狀況的家庭中，我們看到這種情況發生。在悲慘的環境下，孩子被迫離開正常的童年生活，因為他們的所見所聞，因為他們不得不為父母做些什麼來維持家庭的運轉。孩子成為照顧者，父母則成為被照顧者，這種角色的轉換稱為「親職化」(parentification)，對親子關係和孩子的情感發展有極大的破壞力。

在心理學上，親職化有兩種類型：工具性親職化和情感性親職化。

工具性親職化是孩子被要求去做成人的任務，這些任務遠超出我們所認為的家務。我們輔導過一個陷入嚴重經濟困境的家庭，他們無法替失智祖父提供全天候照顧，所以要求十二歲女兒擔任居家照護者，給八十七歲的爺爺餵食沐浴。被要求去找工作補貼家用的孩子，或者必須身兼父母職一樣照顧弟妹的孩子，或多或少也是工具性親職化了。並非十幾歲孩子不該在必要時候或週六晚上照顧弟妹，但長期讓孩子做父母應該做的工作會使孩子成長得太快。

情感性親職化的隱患可能更深。父母把孩子當成知己，甚至對孩子懺悔。當父母正為離婚吵得不可開交時，我們經常看到一種情況：父母中的一方透露個人、性事或與伴侶情感相關的經歷，想把孩子拉到自己這一國。任何孩子都不該成為父母之間的調解人，不該聽媽媽的約會故事或為爸爸的財務擔憂、不該追捧父母的自我意識，或者監督他們少喝酒。

孩子不能少了童年，他們需要年復一年感受到無憂無慮，做傻事、發揮創造力、犯各種小錯誤，不用背負成人的沉重負擔。沒有一個孩子該被父母的感情和責任所壓垮。當父母強迫孩子關心大人的問題時，孩子不只承受不起，還會受到傷害。孩子停止自己的發展進程，錯過學習基本生活技能的機會，也就是說，當他們被徵召去做小小灰姑娘的時候，無法學會信任、交友、學習、分享、自我意識、相信自我價值、找到目標和塑造自我。

我們有個十六歲女孩莎莎的個案。莎莎的母親患有轉移性乳癌，莎莎非常黏她的父親，父親對自己的處境說了很多自憐的話。莎莎非常擔心母親的健康，但把精力都用在支持爸爸上，不是為了讓他能夠好好照顧生病的妻子，而是為了讓他自己不要崩潰。莎莎的母親就快死於絕症，她所剩的只有古怪的父親，她承擔了維持這段關係的責任，但她的父親由於壓力太大，自怨自艾，沒有感激，也沒有注意到這一點。她的母親則已病入膏肓，什麼也做不了。

由於關心父親的痛苦，莎莎即使不樂意，也會同意他提出的要求，像是轉學和停止治療。離開我們的照顧前，她已經展現了親職化的影響，她愈來愈焦慮，不健康的應對行為也愈來愈多。她開始和一個對她並不好的男孩交往，靠著毒品酒精發洩。在往後的人生中，她很可能必須處理「共依附（codependency）」*和「取悅他人／否定自我」的行為問題。親職化對孩子的風險不只嚴重，而且持久，包括了焦慮、憂鬱、飲食失調、藥物濫用、不信任、矛盾心理、有害的權力感、捲入不良的關係中。[24]

**這些事讓親職化發生**

親子角色互換是情感性的破壞，遠遠超出要求孩子在家裡做家務，或在需要時幫忙；這些情況是置孩子於危險之中：

○幫助酗酒的父母洗澡、就寢，或在他們嘔吐時為他們清理。
○監督父母的飲酒或消費情況。
○成為父母的知己和傾訴的對象。
○為缺席或疏忽的父母做飯、打掃、照顧年幼的弟妹。
○支付家庭開銷。
○要求孩子在成人問題上發表意見，如父母的財務、婚姻和性生活。

譯注

＊共依附指一個人失去自我，過於依賴外在事物生存。

親職化就像強迫一個孩子忘記給他自己的建築加蓋樓層，不只如此，孩子還要在你的鷹架外豎起一個鷹架來支持你。你是孩子的老師、嚮導和支持者，永遠不該反過來讓孩子成為你的老師、嚮導和支持者。

## 挑釁的青少年

我說過青少年會觸動父母的按鈕以逃避他們不想做的事情，好比家庭作業，但這只是青少年故意挑釁的原因之一。

你或許聽過或讀過年輕一代流行的焦慮，Z世代（生於一九九六年至二〇一二年之間）被稱為「最孤獨」和「壓力最大」的一代，[25]也是最有可能被公布為心理健康狀況不佳的一代。[26]為什麼？今日的孩子承受莫大的壓力，這是我們現在發現的焦慮症好發原因，他們表現得很煩躁，因為他們有一大堆工作或社交問題，青少年不能對師長朋友大喊大叫，最簡單的解決辦法是拿父母出氣，無論他們煩躁的原因是什麼，你都可能成為他們憤怒、沮喪和恐懼的宣洩對象。

教養有個經典的困境：你不想讓孩子對別人發難，因為這可能會破壞他們的關係，所以你就讓自己成為目標，即使這可能會破壞你們的關係。我們竟做出這樣的犧牲！

如果你在青少年向你發洩時完全保持冷靜（這是我們的建議），發洩的過程不會讓孩子感到滿意，畢竟跟一個會回嘴的人吵架才過癮，對吧？但請不要回嘴。你可能會想，如果不讓孩子好好吵一架，對他會不會是一種傷害呢？當然，你一定非常想要回嘴，然後說這是「幫助孩子說出他內心的感受」。不論就當下或從長期來看，這都是一個很糟的策略。鷹架支持不是要教青少年如何尋釁吵贏，而是要教他如何克服自己的感受，在不造成附帶傷害的情況下解決問題。

以下是面對青少年的「保持穩定」的兩步驟指南。

首先，**肯定**。重複他剛剛對你說的話，讓孩子知道你聽到了，例如，「我明白，你非常沮喪，這次考試確實很難，我也替你難過，聽起來很不公平。」或者「我懂，為了和朋友在一起，你想要晚於門禁時間回家，但你不能，因為我認為不安全。」

有一句話完全無效，還會使青少年更加暴躁：「因為我說了算。」這就像在公牛面前揮舞紅斗篷，或者公開邀請他們進行一場意志之戰。不要這麼說。如何制定你的規則，你要先經過深思熟慮，應該要簡要完整表達規則，並且證明它們是合理的。語焉不詳要求孩子服從你的權威，對大一點的青少年是沒有用的，質疑權威是他們正在發展的工作。

第二，**撤退**。以身作則，離開現場，避免情況加劇，這是一項可能救命的技能。當談話開始跳針時，你就知道離開房間的時候到了，除非有一個能控制情緒的人（也就是你）阻止它，否則爭論會一直反覆循環下去。你可以說：「聽著，我現在要去煮晚飯了。」或者「我現在要去看看你妹妹的作業。」你這不是在拒絕回答，你只是休息一下，這是重啟對話的有效策略。

這種方法在夫妻治療中也能創造奇蹟。四十年來，美國心理學家、婚姻穩定專家戈特曼博士（John Gottman）持續進行衝突解決的實驗。在一項研究中，他給夫妻雙方接上心率監測器，要求他們就自己的問題進行敏感的對話。隨著爭論的升溫，參與者的心率也飆升了。接著一個技術人員告訴幾對夫婦，他們的監測設備壞了，要求他們停止交談，直到修好為止。在這段時間裡，夫妻們要麼翻雜誌，要麼玩弄拇指，平靜的做事不出聲。當他們的心跳和呼吸頻率在二十分鐘後恢復到一開始的水準時，他們被告知可以繼續交談，這時他們的對話比那些持續爭吵沒有休息的夫婦更有建設性。[27]

對於父母和青少年來說，休息同樣有效。當你們陷入僵局時，你要以身作則，退後一步。這麼做很有幫助，可以防止你們之中任何一人說出事後懊悔的話。

## 當父母「無法處理」

有的孩子陷入社交困境，情緒非常不安，父母覺得看了實在不忍心。有的父母並不是強烈過度反應，而是反應極度不足。以逃避處理困難情緒，這種應對策略無法奏效。

兒童心理學家瓦格納（Aureen Pinto Wagner）博士，是北卡羅來納大學教堂山分校教授，也在該州卡瑞鎮焦慮健康中心擔任主任，她在書中提到了「焦慮山」，[28]這是一種「逃避的惡性循環」，一點實際效果也沒有。感到焦慮時，你就像要爬上一座山的山頭，你可以忍受焦慮，在焦慮淡去的過程中從山的另一邊走下去，久而久之，你會習慣焦慮，其影響也會削弱。又或者，當你往焦慮的頂峰爬上去時，你用逃避來避免焦慮的感覺，焦慮很快會消散，但逃避使你無法習慣焦慮。每一回焦慮發作，你得攀上同樣的高峰，焦慮不會隨著時間推移而減弱，你也永遠爬不上焦慮山的山頭，只是不斷走在焦慮的斜坡上，一遍又一遍。為了面對不舒服的情緒，你必須學會容忍，如果逃避，就永遠學不到。

梅姬十幾歲的時候，因為憂鬱症開始來兒童心智研究所。她的母親蘿倫是一個非常焦慮的人，會因為梅姬憂鬱發作而哭泣。見到蘿倫這麼脆弱，梅姬反而不敢和母親談論她的憂鬱症。

由於蘿倫酗酒，情況變得更加複雜，這是另一件梅姬不敢跟母親談的事。她們什麼事都避免溝通，這個舉動決定了她們的關係，蘿倫想陪在女兒身邊（至少按理來說），但由於酗酒和逃避，她錯過了支持梅姬的所有機會。

過度脆弱的另一面是過度憤怒。

我們在治療一個十四歲男孩的焦慮症，就叫這個男孩湯姆吧。湯姆的父親在華爾街是太空超人級的人物，個性非常認真，如果湯姆在體育方面表現不好，或者成績沒有全優，父親就會對他大發雷霆。父親認為湯姆的失敗反映了他的劣根性。（供你參考：這個人在鷹架教養方面有很多東西要學！）湯姆告訴他的治療師，他除了坐在桌子前打開筆記型電腦外，什麼都不敢做，因為爸爸看到他做作業會很高興。

事實上，湯姆正在用電腦看電視，只是他的父親並不知情。湯姆費盡精力和時間想控制父親的憤怒，但他其實還有很多其他的事需要努力，例如控制自己的焦慮。我們的治療師堅持和湯姆的父親私下晤談，然後請他對兒子寬容一點，因為他的憤怒並沒有幫助。結果並不妙，湯姆的父親當場對治療師發飆了。

當然，這些是極端的例子，脆弱的媽媽和憤怒的爸爸本身需要心理干預。但是大多數父母都有不想聽孩子的問題的時候，或者有時覺得「無力」支持他們。

除了孩子的問題，我們也有自己的問題要處理，教養兒女不能意志薄弱，而要做到堅定不移，你需要有計畫的休息，照顧好自己，依靠你的情感支持網絡——你的伴侶、朋友和家人。

孩子需要我們的支持和鼓勵來度過青春期的痛苦和壓力，從你的鷹架爬下來，留他們獨自處理他們的感受不是一個選擇。

圖 **搭鷹架：**為青少年搭建情緒控制的鷹架

| 架構 | 支持 | 鼓勵 |
| --- | --- | --- |
| 要求他們分擔家事，但不要把他們變成承擔成人責任的小大人。永遠不要像對朋友一樣對青少年孩子吐露心聲，那樣會有親職化的風險。 | 成為孩子生活中可以放心發洩的人，肯定他們的感受，如果談話開始繞回原點，離開房間，之後再重啟談話。 | 保持穩定是鼓勵青少年分享難受心情的唯一方法，如果你的反應是悲傷、憤怒或逃避，他們就會把自己封閉起來。 |

## 焦慮的父母

霍華醫師小時候有廣泛性焦慮症（generalized anxiety disorder, GAD），但那時並沒有接受過治療。

「我仍舊有這個問題，當我和女兒走進遊戲場時，有時我會覺得不知所措，因為我注意到她可能會讓自己受傷，而且那裡有那麼多孩子往不同的方向跑來跑去，我必須亦步亦趨跟著她。」她說，「有的焦慮是好的，可以保護孩子不受傷害，但我感到的焦慮程度可能高到不合理。」

霍華醫師很清楚焦慮是會遺傳的，所以在女兒面前非常留意她的表達方式。「遊戲場應該很好玩，我會讓自己這麼說，『看，好多東西！你打算先玩什麼呢？』用這幾句話來排解自己不好的經驗，幫助自己擺脫焦慮。」實際上，她在說服自己，也同時在說服女兒。

孩子會期待父母解釋情況，如果焦慮的父母解釋不合理（只看到滑梯有多陡，秋千有多高），而且不符合事實（遊戲場很安全，維護得很好），它就會一點一滴影響到孩子。如果焦慮的父母能夠根據事實來解釋情況，那麼就是在做合理的示範。

想對壓力和焦慮做出合理的反應，發揮鷹架支持的作用，先瞭解你或孩子是否患有廣泛性焦慮症很有幫助。

如果有，那就需要接受治療；如果沒有，那就像霍華醫師那樣，捫心自問：我這樣合理嗎？我的擔心合理嗎？我怎樣才能以一種合理的方式表達我的想法，不會讓我的孩子過度不安呢？

| 是廣泛性焦慮症嗎？ | | |
|---|---|---|
| 正常 | 危險訊號 | 反常 |
| ○你或孩子的憂慮是在心裡，而非在身體上；沒有身體上的症狀。<br>○你或孩子的擔憂是客觀合理的、暫時的，基於具體的生活事件。<br>○你或孩子可以想出解決問題的辦法來減少憂慮。 | ○你或孩子經歷的憂慮，似乎是過度擔憂某些事件。<br>○你或孩子經常焦慮，而且不一定與任何具體事件有關。<br>○即使焦慮的原因已經解決，你的孩子還是難以平靜下來。 | ○你或孩子不停的擔心每件事，尤其是在學校／工作或其他活動中的表現，或者擔心自己沒有能力滿足期望。<br>○你或孩子經常尋求安慰，試圖減輕恐懼和擔憂。<br>○你或孩子因焦慮而嚇呆、易怒、焦躁不安。<br>○你或孩子出現身體症狀，包括疲勞、胃痛和頭痛。<br>○你或孩子有誇張的恐懼，往往集中在有形的現實問題。<br>○與成人不同，患有廣泛性焦慮症的兒童可能意識不到他們過度恐懼。 |

那麼，當約書亞告訴我們他在夏令營中感到不受關愛時，我和琳達如何處理呢？

我一開始覺得難過，但之後我把這件事當成需要解決的問題好好處理。我們與營長見面，討論我們兒子的苦惱，營隊方面也給予關注，也做出相應的安排。約書亞在夏令營好好待到結束，但當我們接他回家時，他告訴我們，他強迫自己忍受夏令營，從頭到尾都很痛苦。

我沒有急著放棄約書亞可能也會愛上夏令營的想法，所以和妻子探索了其他的選擇，我們研究其他營地，蒐集了一疊小冊子給他看，但當我們滿懷熱情介紹約書亞這些營隊時，他沒有興趣，統統拒絕了。

他沒有因為不想去夏令營而感到難過，那麼我為什麼要難過呢？我不得不仔細審視自己的動機。

我覺得不安，因為他沒有跟上我心目中規劃的「孩子何時應該準備好做何事」的那張時間表，但我告訴自己，就讓約書亞按照他自己的時間表成長發展吧，不用按照我的。我對其他父母說過同樣的話，而現在我需要接受自己的建議。

我對兒子的人生步調感到不安，這對他不僅沒有幫助，反而傷害了他。強迫他再去參加夏令營不會是個好主意。

第二年夏天，他參加不用過夜的夏令營，結果他很喜歡。

再隔一年，他去了一個為期兩週的住宿網球訓練營，同樣也很滿意。最後，他去參加一個為期八週的夏令營；幾年後，則是加入青少年壯遊營隊，那次離開了家整整一個夏天。

我正視了自己的不安，最後才能跟著兒子的步伐，陪著他一起前進，給予他擁有自主權的正向經驗。

## Ⓣ 釘牢那些踏板！

沒有什麼比看著孩子受苦更難受的了，但你必須保持穩定，忍受自己的不舒服，好為他們的成長提供鷹架。

**耐心**

即使你深深感受到孩子的痛苦，也要等到離開孩子時再發洩苦惱。我們的目標首先是引導和支持他們，樹立自我控制的榜樣。如果你需要發洩或尋求安慰，向其他成年人求助。

| 關懷 | 覺察 | 冷靜 | 追蹤 |
|---|---|---|---|
| • 孩子心煩意亂時，父母要和藹體貼。<br>• 多聽少說。<br>• 肯定他們的感受。 | 小心留意自己是否反應過度，試圖抑制情緒，或避免處理正在發生的事情，這些對你和孩子都沒有幫助。 | • 調節你強烈的情緒表達，不要讓孩子困惑或害怕。<br>• 不要對孩子的情緒表達做出痛苦的反應，否則他們會學會隱藏和內化自己的負面情緒。 | 確認孩子的感受，不要認為提供安慰和示範控制的鷹架支持只要做一次就足夠了。 |

# 留在孩子的高度

# 06

## Stay on Their Level

試想一下，你在一棟房子的一樓，想要和屋頂上的人說話，很不容易，對吧？屋頂上的人必須「居高臨下」對你說話，或者大聲喊叫，他可能覺得這樣說話實在太麻煩了，距離太遠，無法輕鬆開放的交流。

現在想像一下孩子的建築，那棟建築四周的父母鷹架跟建築在同一高度，你們可以在相隔不遠的地方直接交談，看著對方的眼睛，使用相同的語言和語調，談論讓你們處於平等地位的話題。

為了與你的大小孩子建立並保持開放的溝通渠道，請讓你的鷹架保持在他們的高度，並且以真心坦誠對待他們。兒童心智研究所有一個十五歲女孩葛雯的個案，她會彈吉他，是一位優秀的藝術家，每年聖誕節都重讀杜穆里埃（Daphne du Maurier）的小說《蝴蝶夢》（*Rebecca*）。我們診斷出她有輕度的憂鬱症並給予治療。葛雯出現在我們面前的原因，是同學自殺幾天後她和母親的一次談話。葛雯的媽媽凱瑟琳說：「葛雯其實不認識他，他們讀不同年級，沒有共同的朋友。那孩子人緣很好，葛雯比較喜歡藝術，沒什麼朋友。讓我害怕的是，我按照學校行政部門的指示，詢問她對這起自殺事件的感受，葛雯竟然說：『實在讓人很傷心，他看起來是個好人，但如果他心情真的那麼低落，那麼也許他最好離開。』第二天我就打電話約了一個治療師。真正的問題是，我們從來都不知道她的感覺和想法，她表面看起來還不錯，如果她來找我們，說『我情緒低落』或『我沒有朋友』，那麼我們會立即採取行動。我事後才意識到，十五歲的她不會和我聊她的感受，是因為我們不管是在她十歲、五歲還是任何時候都沒有陪她聊。我和丈夫不是這樣長大的，我記得小時候，我為了什麼事哭了，我媽媽會叫我回房間，等到我的臉上有笑容才可以出來。我被教導要假裝微笑，想到我可能對葛雯也做了那樣的事，我真的難過死了。我從未教過她表達自己的感受。」

在你的教養鷹架上，有一塊基石是讓你的孩子掌握情感詞彙，除了教導他們「牛」和「屋子」這類名詞外，我們還要教導他們分辨情感。一個能說出「我感到悲傷」、「我感到失望」、「我感到憤怒」的孩子，正在蒐集一生中會使用到的社交情緒智慧。給一種情緒貼上標籤，也有助於管理它在當下的影響。在二〇〇七年加州大學洛杉磯分校的一項研究中，研究人員給參與者看人臉的照片，這些人臉分別表現出憤怒、恐懼和悲傷等情緒，研究人員同時用功能性磁振造影（fMRI）機器取得參與者的腦部影像。[29]當人看到憤怒或恐懼的表情時，身體的情緒警報系統（位於大腦的杏仁核區域）會響起，但是當我們把情緒化成語言時（如看到照片時說出「生氣」或「害怕」），杏仁核的活動就會減少。

一旦孩子學會給自己的情緒貼上標籤（說出這是「什麼」），下一步就是思考它「為什麼」會發生，然後是「如何」處理它。這個「什麼」、「為什麼」、「如何」的過程，是我們每個人解決生活中問題的方式。

在鷹架支持的過程中，如果我們不積極主動，我們難以替孩子的情緒覺察和分析能力打下基礎，讓他們帶著這些技能長大成人。只有在孩子的每個年齡層和階段聆聽、溝通、與他們建立聯繫，你才能替他們打下基礎。身為搭鷹架的工人，我們的工作是引導孩子認識自己，如果孩子與你的溝通渠道受阻或緊張，這項工作將更加困難。

孩子和青少年未必讓你能夠輕鬆的與他們溝通，特別是那些極力保護隱私的青少年，或者那些因為困惑或羞愧不敢談論一己感受的孩子。遇到阻力時，你可能會停止溝通，誤解孩子的訊息，或者錯過與他們聯繫的機會。

如果你忍受過四歲孩子的喋喋不休，或者被悶聲悶氣，只會嗯嗯、噢噢回應你的青少年搞得心煩意亂，那麼你一定知道和孩子溝通可能帶來挫折。但是利用耐心、關懷、覺察、冷靜和追蹤的鷹架踏板，你可以與孩子開始進行迷人的、有趣的、發人省思的、有教育意義的對話，對話有時不容易，但總是有所回報。從孩子的童年、青春期，到了成年後，這種對話會愈來愈深入和豐富。

如何開始這種一生受用的對話方式呢？

## 閒聊

就算是慈愛的父母，要讓心理健康的孩子自在分享他們的想法和感受，也可能是不容易的。想像你是治療師，對一個焦慮或憂鬱的孩子進行第一次治療，當個案來到辦公室時，他可能被他的症狀、儀式和逃避行為折磨了幾個月或幾年之久，學習和社交生活都一團亂。他或許還看過別的醫師，對治療抱持懷疑的態度。我們常聽到家長說，兒童心智研究所是他們最後的希望。那麼，我們究竟如何讓陷於嚴重危機的孩子向一個全然陌生的人敞開心扉呢？我們有各種辦法讓他們開口，以下提供我們一些治療技巧，在家庭環境中也適用，可以幫助沒有臨床症狀但不是特別善於表達或敞開心扉的孩子。

**使用他們理解的語言**：將話題分解成簡單的部分，一次解決一個部分。比方說，如果你想知道學齡前的兒子和玩伴相處的情況，可以問「什麼最好玩？什麼最不好玩？」這類問題將帶來不只一個字的開放式回答。「玩得開心嗎？」或「你在那裡吃了什麼？」的問題，只會讓你得到一個詞的回答，對你沒有多大幫助。也要避免概念性問題，像是「你認為你和丹丹會成為好朋友嗎？」你可能會得到一陣困惑的沉默。

**使用一致的語氣**：不要拿你跟十六歲孩子說話的語氣對一個六歲孩子說話，但也不要把大孩子當成小寶寶。怎樣判斷什麼是孩子會做出反應的適當語氣？答案是：使用他的朋友、老師和教練會使用的語氣；研究孩子在「野生環境」中如何說話當作參考，在家中採用同樣的語氣。

**避免胡說八道**：孩子沒有成年人的過濾器，我們強迫症科主任巴布里克（Jerry Bubrick）

說：「我現在可以說一些非常愚蠢的話，房間裡的成年人出於禮貌會忽略它，但孩子會問：『你為什麼這麼說？』孩子會要你解釋。你們的談話可能會因為大人胡說八道而結束或中斷，所以不要多此一舉。」

**詢問孩子的興趣：**如果他們喜歡運動，聊聊你們支持的球隊。如果他們熱中時尚，要對流行品牌有一定的認識。當孩子對某一主題感到自信時，他們的戒心就會降低。

**付出才有收穫：**「有一派觀點認為，醫師不應該向病人透露自己的私人生活細節。」巴布里克醫師說，「對於成年患者，我同意這個觀點，但這對孩子未必有效，他們必須稍微認識你，所以我講了很多我過去的焦慮經驗，比如我怕狗，焦慮的孩子於是相信我能夠理解他們，也會很自在的告訴我他們害怕什麼。」經由分享類似的感受或經歷，證明你能與孩子產生共鳴，但要盡快讓話題回到孩子身上，否則會感覺像是在說教。

**打扮輕鬆一些：**「通常和孩子在一起時，我會鬆開領帶，打開第一顆扣子，袖子捲起來。」巴布里克醫師說，「我不是醫師，我是傑瑞。」做為父母，你是權威者，但輕鬆的外表會讓你不那麼叫人害怕。

**當他們告訴你他們是誰時，用心傾聽：**「我有個病人叫強尼，十四歲時，他宣布自己希望被稱為強納森。」巴布里克醫師說，「四周的每個人都改口喊他，除了他媽媽，她改不掉老習慣。在治療時強納森說，媽媽不把他當一回事，因為媽媽仍然喊他的乳名，如果媽媽不把他當一回事，他為什麼要跟她說話呢？」你的孩子在很多方面都成長了，不再像以前那樣滿口「壞壞」、「痛痛」，所以你要跟上他的語言，與他在同一高度。你不必說他的語言（從你嘴中說出來可能聽起來蠢斃了），但你必須理解他的語言。

## 重要對談

閒聊不管用的時候就會需要重要對談。你與孩子要開始進行一些關於死亡、離婚、毒品、氣候變化等話題的重要談話，這個時間點來得可能比你想的更早。

父母經常問我們：「關於〇〇，我們應該告訴孩子什麼……？」有些父母的孩子還小，他們決定絕口不提太過可怕的事，有些父母則認為應該告訴孩子一切。兩種策略都不妥。

「我有一個個案，一個七歲大的男孩，」布斯曼醫師說，「他九十三歲的曾祖母去世了，大家都很傷心，但這不是世界危機。小男孩提出的問題是：『曾祖母去哪裡了？』『她的屋子會怎麼樣呢？』『她的身體會怎麼樣呢？』」從發展和臨床的角度來看，孩子對死亡、來世和腐朽感到好奇，這完全正常，但是他的母親非常不安，因為兒子一直在問曾祖母的骨頭，她最後說：「我們不談這個。」直接中斷了討論。

在這個例子中，母親的鷹架落後於她的兒子。兒子在成長，而母親的情緒尚未準備好跟上他的步伐。布斯曼醫師說：「拒絕回答孩子的適當問題，是一個主要的教養失誤。重大的經歷，比如埋葬親人，讓父母有機會建立信任，加深孩子的理解，鼓勵他的好奇心。關閉整個話題會令人沮喪，比直接回答更讓孩子感到害怕，他可能會想：「為什麼不告訴我？這一定是非常糟糕的事！」即使父母心煩意亂，無法處理一連串的問題，也可以這樣說：『我們有很多事要討論，我會回答你所有的問題，但是現在我需要處理其他的事。』」拖延談話比拒絕談話好，但前提是你要遵守你的承諾。

如果你對於談論一件事過於焦慮，那麼可能覺得綁手綁腳放不開。人是習慣性動物，你可能內向、個性容易緊張，習慣逃避不容易面對的對話。你無法改變自己的個性，但你可以認清自己的性情對孩子的社交和情感教育並不理想。注意自己的不情願，努力克服它，為孩子的成長提供資訊和支持（鷹架）。建立一個有問必答、有呼必應的往返關係，讓孩子信賴你，那麼他應該能向你提出他生活中所有的難題。

我們發現，對於「談不想談的那件事」感覺難受的父母來說，為討論事先做好準備有助於緩解情緒。從一個可靠的來源，比如你的兒科醫師或治療師，獲得討論這個問題的方式和內容，有了更多的資訊，你對談不想談的那件事就不會那麼焦慮了。

我們對孩子說：「你有麻煩，要來找我！」、「如果你的朋友喝醉了，不能開車，打電話給我，我會去接你。」我們所傳達的訊息是，「我們隨時準備好幫助你。」因此，當孩子真的半夜三點打電話要你開車去接他，你一聽卻立刻破口大罵：「你腦子究竟在想什麼？」這就違背了你們之間的情感契約。如果你想讓孩子信任你，必須遵守諾言，傾聽他們的說法，不加以批評。之後，你們可以冷靜討論發生了什麼事。

如果孩子問了你一個難以回答的問題，你無論是出於什麼理由氣炸了或不舒服，回答不了，你們之間也會出現同樣的動態交互作用。一個小二學生問「奶奶在天堂嗎？」，那是為你未來在半夜三點接到高中的他的電話做準備。堅固的鷹架是堅定不移的；對於我們都面臨的生活真相和現實提出健康的疑問、進行誠懇的討論，都不會讓鷹架動搖。

你的矛盾態度會向孩子傳遞一個訊息：你無法接受真相。你的孩子很快會知道你一定會拒絕回答他，或者因為他的詢問吼他。同樣，他也很快會明白，如果他想要答案，就得去其他地方尋找。

誰也不希望自己的孩子在網路上學習死亡、性、毒品和宗教。

如果孩子大到可以問你任何問題，你需要給他們一個答案，不必長篇大論，你只需要回答他們提出的問題，你提供的細節多寡取決於孩子的年齡、經驗、性情，以及你的個人喜好。同樣的，請向你的兒科醫師或治療師詢問指導方針。

一個朋友最近告訴我：「我女兒大約六、七歲時問我：『嬰兒是從哪裡來的？』我早就準備好了我的答案，我給她講了一番道理，告訴她精子與卵子怎麼相遇，然後發育成人。

女兒想了一想，然後說：『但是精子是怎麼從身體裡出來的呢？』我眨了幾下眼睛說：『等你十八歲了再問我吧。』」

布斯曼醫師說：「要盡可能的誠實，我姊姊懷孕時，她十一歲的孩子問：『孩子是怎麼出來的？』我姊姊吞吞吐吐說：『我去醫院，醫師會幫我。』這個答案沒有讓我的外甥滿意，『但它要從哪裡出來呢？』最後她說：『陰道，小寶寶會從我的陰道裡出來。』男孩想了一想，然後說：『這樣噢。』就跑去另一個房間打電動。」如果你給孩子一個誠實的答案，他或許不能完全理解，但他會憑直覺知道你對他是誠實的。在很多情況下，孩子要的不只是一個關於技術知識的答案，他們信任你，期待你也誠實。如果他們不理解你告訴他們的內容，他們會暫時放棄，等他們有機會思考，準備學習更多知識的時候再提出來。孩子不管在什麼地方都被大量訊息淹沒，身為父母的我們，寧願他們要求我們澄清誤解，提供符合我們價值觀的資訊。

在任何重要的談話後，你應該要接著問：「你還有什麼問題嗎？」這個問題要不停提出，關於性或毒品的對話，不是一次就夠了，這是一場持續且意義深遠的對話的起點，孩子會不斷眼見耳聞讓他們產生疑問的事。

「我無法告訴你，我糾正我的個案在校車上聽到的事，糾正了多少次。」布斯曼醫師說。但願他們在積累經驗和知識的過程中會一次又一次的來找你。[30]

## 肩並肩

你現在可能心想，你確實試圖讓孩子和你說話，但他總是在做別的事，像是打電動。你不孤單！許多父母告訴我們，他們不得不從孩子的手中奪走遊戲搖桿，大喊：「關掉電腦！你到底為什麼要玩那個遊戲？它正在腐蝕你的大腦！」如果孩子最後真的關了電腦，他大概也沒有心情跟剛才吼了他的人進行友好的交談。

根據近期一項研究，八到十歲的孩子每天花八個小時在各種媒體管道上；[31]更大的孩子和青少年每天眼睛黏在螢幕上十一個小時。根據美國兒科學會（American Academy of Pediatrics）建議，這實在太多了，在上學的日子，孩子每天接觸媒體的時間應限制在一小時以內，週末或假期應限制在兩小時以內。[32]

除了監控孩子使用電子設備的時間，還要注意他們「怎麼」和「為什麼」老掛在網上。孩子似乎明白網路成癮是一個十足的威脅，然而只有一小部分人確實因為對電子設備的依賴而出現障礙。兒童心智研究所調查了五百名七至十五歲的孩子，研究社交媒體和遊戲對於心理健康的影響，希望找到問題性網路使用和心理健康障礙之間的聯繫。[33]測量問題性網路使用的方式與其他成癮評估類似，量表會提出強度和功能障礙等問題，而不只是「多久時間」。比方說，我們問孩子：「生活中，別人向你抱怨你上網太久的頻率高不高？」、「你經常因為上網而失眠嗎？」以及「你常常會為了上網，不和別人出去玩嗎？」

結果我們的確找到了問題性網路使用與憂鬱症、過動症之間的關聯，問題性網路使用也會損害孩子在學業、社交和家庭生活的正常功能。如果擔心孩子沉溺於網路，你可以陪他們一起上網，監督他們的螢幕使用，也就是所謂的「家長介入」。你可以坐在一旁說：「已經一個小時了！哇，時間過得真快，讓我們活動一下手腳，來做點別的事情吧。」幫助孩子留意他的上網時間。還有，要制定家規。在完成所有的作業和家事以前，不許碰媒體娛樂。螢幕時間應該與發育整合活動互相平衡，這些活動包括和朋友出去玩、參加課外活動、與家人共度美好時光、獲得充足的睡眠。如果違背媒體使用規定，孩子就該承擔後果。

但在孩子每晚的遊戲時間，拿起遊戲搖桿，陪孩子打打「當個創世神」（*Minecraft*）或「要塞英雄」（*Fortnite*），也不會要了你的命。事實上，這種肩並肩的親子活動提供增進親密感的良機，如果你不挨著他坐在沙發上，那就錯過了這個機會。

陪孩子一起玩，做一些他喜歡的有趣的事，你也許會愛上這些活動，那麼你們就有了共同興趣，有機會在談話中不斷穿插建立自信的讚美，像是「你真厲害！」。你可能只是輕鬆坐著看孩子打電動，聊聊遊戲的情況，但表現出了你理解他，也關心他的生活和興趣。

看他們看的電視節目、聽他們聽的音樂、讀他們讀的書，就當為了提供鷹架支持做的必要調查。你會更瞭解他們在吸收什麼，你可贊成或反對它所代表的價值觀。挨著孩子坐在沙發上，能鞏固你們之間的信賴和信心，也讓你們有話可說，再也沒有生硬的晚餐談話。陪著孩子看Disney+串流平臺的最大好處是：當你的孩子需要談論一些與遊戲關卡或節目情節無關的話題時，你就在他的身邊，也做好了傾聽的準備。

㊄ **搭鷹架：**為兒童搭建開放溝通的鷹架

**架構**

每天與孩子交談的時間，可能是放學後或睡覺前，在電視或遊戲時間也行。盡早找到談話的機會。睡前給他們讀故事書是開始對話的好方法。養成每個週末一起去公園散步的習慣，開車去上鋼琴課的路上也可以聊。

**支持**

教孩子給自己的感受貼上標籤，從情緒上幫助他們。

**鼓勵**

藉由立即、誠實、可靠的回答他們的問題來培養對話，這樣他們會習慣向你尋求資訊。

## 聒噪的孩子

如果都只有孩子在說話，那麼這不是一個有思想、有感情、有資訊的對話，這叫獨白。我一個朋友說：「我四歲的女兒奧麗芙從來不閉嘴，她會一遍又一遍的問同樣的問題，不停的談論自己的感受。她常常從頭到尾重述她最喜歡的每一集節目，連看電影時都在講話，不管在家還是上電影院。在公共場合被人『噓』真的很尷尬。我知道這麼說聽起來有點自私，但我真想讀本書不被打擾，或者耳根清靜一會兒，一會兒也好。她實在太多話了。」

另一位母親說七歲的兒子不斷說話，她說：「在家我不介意，但在學校裡，這干擾到別人。老師對全班說話，澤維爾就插嘴，引得同學哈哈大笑，然後教室就陷入了混亂。我們一再要求他不要打斷老師，但他好像就是忍不住。」大多數四歲與未滿四歲的學齡前兒童都很聒噪，奧麗芙就是一個例子。他們總是有新的經驗，他們藉著說出所見所聞學習處理、吸收所見所聞。然而到了五歲時，大多數孩子能夠領會社交暗示，知道何時可以說話，何時不可以說話。幼兒園老師一舉手，孩子就知道要安靜下來，適當的溝通是幼兒園最重要的課題之一：輪流發言、舉手才能說話、有話先放在心裡、該安靜的時間就要安靜、說「請」、「謝謝」和「對不起」、學會在爭吵後「動口不動手」和「有話好好說」。

到了讀一年級或二年級時，如果孩子繼續打斷別人，腦子迸出什麼，嘴巴就說什麼，一張嘴說個不停，也不讓別人說話，他可能有行為、神經或遺傳方面的問題。我們的個案澤維爾，就是上面提到在幼兒園說個不停的小孩，被診斷出過動症。對於多話又衝動的過動症患者，我們建議採用藥物治療（如果合適的話）、父母訓練和行為治療。

### 只是愛講話而已嗎？

| 正常 | 危險訊號 | 反常 |
| --- | --- | --- |
| 一個天生健談的孩子喜歡說話，樂於分享他對世界的看法，在七歲時學到接受社交暗示，知道何時適合說話，何時不適合說話，知道人人可以輪流說話，也知道不應該和完全陌生的人進行長時間的交談。 | 一個為了吸引注意或故意搗亂而喋喋不休的孩子，還沒有學會整理自己的意見，也還沒有弄清楚應該和誰說話，在公共場合可以討論什麼。 | 衝動的胡言亂語和喋喋不休可能是過動症症狀。「言語迫促」（pressured speech，孩子即使獨自一人，也無法停止說話）可能是自閉症、亞斯伯格症或躁鬱症的症狀。不斷的要求保證和確認可能是焦慮症。不分朋友或陌生人，都能過度交談，這可能患有一種罕見的遺傳病——威廉氏症候群（Williams syndrome）。 |

如果你想讓孩子學會何時停止說話，我提供以下建議。

**打暗號：**幫孩子選擇一個暗號，讓你在他該要停止說話的時候給他暗號，比如你把一根手指放在嘴唇上，或者輕輕撫摸他的肩膀。

**標籤式稱讚：**告訴他，「你有注意到暗號，停止說話，做得很好」，或「你讓其他孩子說話，很棒」。

## 寡言的孩子

天性內向的孩子（就這一點而言，也包括成年人）喜歡獨處，不願分享自己的想法和感受。這不是問題，除非他們逃避所有的社交互動，沒有學習必要的生活技能。一般的情況下，害羞的孩子只是需要機會，就能適應新教室，逐漸認識新同學或新老師。一旦放鬆下來，他們能夠參與學校各方面的活動，與其他孩子或成年人交談。

患有選擇性緘默症（selective mutism, SM）的孩子，不是因為害羞所以沉默，他們有嚴重的焦慮情緒。在家裡，選擇性緘默症的孩子與兄弟姐妹父母可以完全正常互動，但去了學校，他們不與其他孩子說話，上課不舉手發言，不會徵求去廁所的許可，連受傷了，也不會要求去看醫師。選擇性緘默症和社交焦慮可能同時發生，也可能只有單一情況。患有這兩種焦慮症的孩子，遇到任何互動都會不知所措，你會看到他們躲到媽媽的身後，或獨自坐在一隅，從不參與活動或與人交談。一個孩子在遊戲場上跑來跑去，還跟其他孩子互動，他沒有社交焦慮，但如果他從來不說話，他肯定有選擇性緘默症。

選擇性緘默症相當罕見，一百個孩子中往往不到一個，通常在學齡前就會被診斷出來，[34]與遺傳也有關係。我們鄰居有三個女兒，其中兩個是文靜的孩子，第三個我暫時稱她珍妮佛吧，確實患有選擇性緘默症。

在我們共同舉辦的感恩節晚宴上，我們會圍坐在餐桌分享感恩心得，這件事對幾個小女生來說很不容易，我們其他人看著她們掙扎也很尷尬。輪到珍妮佛時，她不只臉紅，還含著眼淚。頭幾年，我心想：我們每年都這樣做，為什麼她父母不事先和她一起練習呢？

有一年我幫她說情。珍妮佛一家到我們家時，我先把她拉到一邊說：「小聲告訴我你今年要感謝什麼，是打曲棍球嗎？拆了牙套？」她告訴我她的想法，然後我說：「當我們沿著桌子輪流時，我會問你願不願意說話，如果你不想說，就搖搖頭，那麼我會說，『我和珍妮佛在晚飯前討論過這個問題，她告訴我她感謝交到了好朋友。』」如此一來，她有參與到，也不會讓焦慮毀掉她的假期。

又有一年，珍妮佛的姊姊艾比腿部打了石膏，坐在輪椅上。我們邀請了一對不認識那家的夫婦，那個丈夫對艾比說：「你好，小妹妹，你的腳怎麼了？」艾比只是盯著他看，她父親站在後面，什麼也沒說。男人問：「她怎麼了？她會說話嗎？」

她父親回答：「她只是害羞。」

在這種情況下，避而不答絕對比讓一個陌生人對他的孩子無禮要好。有些選擇性緘默症孩子的父母會對孩子說：「你是哪根筋不對？」好像敵意和羞辱會治好孩子的焦慮似的。

真正對孩子有幫助的，是一種叫「勇敢說話」的行為訓練，也就是反過來教孩子學會不沉默，在一個安全的環境中練習說話，接著在新的環境中逐漸與周遭的人說話，同時在過程中給予標籤式稱讚及大量的激勵。舉個例子，在布斯曼醫師指導的「勇敢夥伴」訓練課程中，在一週的時間，孩子會接觸到引發焦慮的經歷，漸漸學會了忍受自己的焦慮，在挑戰性愈來愈高的情境下開口（使用「勇敢的話」）。計畫的最高潮是去冰淇淋店，在那裡「勇敢說話」的獎勵是冰淇淋。

布斯曼醫師說：「治療是幫助他們培養忍受壓力的能力，我們的目標不是要擺脫所有的焦慮，而是要學會容忍它，就算焦慮也能開口說話。」這也適用於你和孩子之間任何困難的對話，成年人之間也適用。

順帶一提，珍妮佛、艾比和她們另一個不愛說話的姊妹長大了，大學畢業了，現在都很健談。在這個過程中，她們的確錯過了一些社交機會，但在年紀小的時候就接受治療干預，她們克服了自己的問題。

| 只是害羞而已嗎？ | | |
|---|---|---|
| 正常 | 危險訊號 | 反常 |
| 你的孩子需要一些過渡時間適應新的人和環境，然後才能自在交談。 | 因為社交焦慮，你的孩子習慣避免互動；害羞正在影響他的學業進步。 | 你的孩子在家中說話沒有問題，但在學校或其他地方不說話，可能會因社交互動而不知所措。 |

## 擺臭臉的青少年

我三個兒子十多歲時，我與他們無話不談，我和妻子非常幸運，他們能夠對我們敞開心扉。我相信他們有自己的祕密，但我們給他們很多機會傾訴內心話，幸運的是，他們通常願意告訴我們。我問過兒子幾個朋友，他們會不會和爸媽分享生活中的大小事，或向爸媽尋求建議，大多數人都笑著說：「我什麼都不告訴我爸媽，他們不知道我在做什麼，我喜歡這樣。」

別誤以為不跟你說話的青少年只是想要自己的空間。「我會把擺臭臉的青少年跟流浪狗做比喻。」巴布里克醫師說，「你在大街上看到一隻狗，知道牠很餓，知道牠很害怕，你靠近牠，牠卻又叫又吠，你的第一反應會是別靠近牠。但如果你不和狗交朋友，牠可能會餓死或生病，所以你不用退縮，留在原地就好，你或許可以伸出手，然後慢慢向前邁近一步。如果狗又叫了，停在那裡一分鐘，然後伸出手再走一步。到了最後，狗會明白你不是威脅，一旦牠信任你，牠就是你的了。」

給狗或孩子留一盤食物也是一招。

拒絕與你對話的孩子仍然需要表達自己，只是他們充滿戒心，跟流浪狗一樣。青少年的恐懼是有原因的，如果你過問私人問題，或者提出敏感話題，表現得太過強勢，孩子覺得是在被你審問。即使你為自己辯護說，「我只是想要愉快交談。」孩子仍然會認為你是在逼他吐露祕密。然後，別再提了，他鎖上了寶庫。

你的大孩子其實並不希望或不需要你完全放手，即使他們說他們希望或需要你這麼做。但因為被他們拒絕令人沮喪，你很容易就會說，「好，你想要空間，就給你空間。」然後逐漸不再過於關注他們，尤其是當他們似乎不想要你的關注的時候。也有可能你往相反的方向走，施加更多的壓力，強迫你的孩子打開心房。這兩個極端做法都沒有用。

諮詢過數千名關上心門的孩子後，我可以說，這兩種策略都無法奏效。首先，孩子可能不知如何談論自己的感受。另一方面，青少年習於保密，那是他們正在發展的功能之一，青少年的任務是測試他的世界的極限，當父母要求：「跟我談談！」青少年的立即反應會是做出相反的事。在正常發展的某個階段，青少年會匡啷匡啷搖晃你的鷹架，把你的鷹架當成限制，而非支持。

要想從你的大孩子那裡得到一點回應，就要避免涉及個人或有偏見的話題，保持中立。安全的話題有：

- 天氣
- 在地新聞
- 電影評論
- 度假計畫
- 客廳新地毯的顏色選擇
- 他們看的節目、玩的遊戲
- 桌上的香蕉多久會出現褐斑
- TikTok的多種用途

目標是讓他們開口，任何內容都好。面對面很好，你也可以在他們的Instagram照片或推特底下留言，或者按讚，在網路上與他們接觸。這種交流或對話是否真實、是否深刻並不重要，每一次交流你都在向孩子保證，你是無害、無偏見，隨時都在他們身邊。你不是暗中監視他們，準備「修理」他們，或者對他們說教。你要的只是聽到他們說話，任何話都好，只要是從他們的嘴裡說出來的；你要多聽少說，證實你的這個初衷。一旦孩子確信你不會大肆批評，或是挖掘個人資訊（這個過程可能需要一段時間，所以保持耐心），他會自在打開寶庫，告訴你他的生活中到底發生了什麼，你會發現自己正在進行一場完全無害的聊天，聊聊可愛的貓咪做了什麼，而孩子可能冷不防把話題轉移到可能讓他難過的大事上。

## 對話殺手

來看看兩句對青少年完全不管用的開場白，以及一句管用的開場白。

**「那麼，你今天過得怎麼樣？」**

這句話對你有用嗎？曾經有用過嗎？誰想回答這個問題！這像是一個開放式的問題，但實際上是對話的死胡同。

可能的發展如下：

你：今天過得怎麼樣？

孩子：還好。
你：只是還好嗎？
小孩：很好。
你：怎麼個好法？
小孩：我不知道，就是很好，跟平常一樣。
你：你要跟我多說一點。
小孩：你到底要我說什麼？
你：不要用那種語氣……
（隨後發生了爭執，孩子跑進她的房間，砰的一聲把門關上，父母在廚房裡氣得火冒三丈。接著的場景是……。）

很自然，你對談話的發展抱持期待，你提出關鍵問題，孩子開始描述他的一整天，有趣迷人，細節豐富，彷彿電視劇「歡樂滿屋」（*Full House*）的故事情節，最後孩子說：「謝謝你願意聽我說，你真是好爸爸／好媽媽！謝謝你。」如果你的開場臺詞沒有達到情境喜劇的標準，你可能感覺吃了閉門羹；如果你說出那句絕妙的開場白後，孩子並沒照劇本走，你可能想要發怒。

一個遠比上面更好的做法是完全拋開劇本，不對談話該如何進行有任何的期待。站在孩子的高度，滿足他的需求，聊聊他所關心的具體事情，比如他現在著迷的電玩遊戲，或者饒舌歌手麗珠（Lizzo）最新的影片。孩子不懂得如何閒聊，藉由吸引他們的興趣、他們覺得有信心的事，甚至比你更聰明的事，招徠他們進入談話。記住他們生活中的瑣事，當然，聽他們談論情緒搖滾（emo）和哥德搖滾（goth）之間的細微差別很無趣，但如果你不這樣做，他們就不會向你敞開心扉，告訴你一些你可能更感興趣的事，好比他們社交生活的細節，他們的感受，他們的煩惱，他們自豪的地方。

**「當我在你這個年齡時……」**

回顧你自己當年是如何面對孩子現在的處境，你會感到一陣旋風般的壓力。當你說：「我小時候，從不擔心〇〇〇。」你的孩子有十足的理由回答：「可是你讀高中時，還沒有電腦。」回想一下，當你的父母跟你說，他們在雪地裡走幾公里路去上學，你是如何哀號的。為了站在孩子的高度，你必須放下架子，明白他們的世界與你在他們這個年齡的世界是不同的。試著跟上這些變化吧！

好，現在來一句鐵定管用的開場白：

## 「你聽說過○○的事嗎？」

這句話很「要命」，不過是好用得要命。講一則老爸的糗事，用幽默吸引孩子說話、回應，讓他走出壞心情。「笑是一種藥，我們看到那些焦慮和悲傷的孩子，他們的生活中要有大量的歡笑，才不會陷入焦慮和悲傷之中。他們的陰鬱思想影響了身體機能，影響了情緒，定義了他們對自己的感覺。」巴布里克醫師說。他們的障礙讓他們一圈一圈往下走，歡笑則是「上樓」電梯，「發揮幽默是有力又有效的對策。」

哈哈大笑和微微一笑能抵消負面情緒，這一點科學家激烈爭論了幾十年，不過在二〇一七年已被證明為科學事實。田納西大學研究人員整合分析了五十年來的一百三十八項研究，這些研究共有一萬一千人參與，分析結果是，笑確實能使人快樂一些。[35]笑不能成為治療嚴重憂鬱症的奇蹟，但如果你能給孩子的臉龐帶來笑容，無論用什麼愚蠢的方式、笑話、滑稽的聲音、可笑的動作，都可以改善孩子的情緒。

黑色幽默是一種效果很好的幽默風格。巴布里克醫師說：「昨天，有一個十五歲的男孩來接受治療，他有一種強迫症，相信自己會對家人造成人身傷害。這些念頭讓他嚇壞了，這是可以理解的，我必須設法釋放他的一些壓力。我們約好第二天再見，然後我說：『為了防止你今天晚上傷害你的爸媽，這週的費用請你先付清。』他突然哈哈大笑起來，這個孩子不習慣在面對這麼可怕的事時聽到這種幽默的話語，這個幽默感染到他。」

當孩子焦慮時，你會被捲入其中，只能和焦慮對話。但是你「真正」的孩子還陷於焦慮中，他希望得到認可，希望別人像對一個正常孩子說話那樣對他說話。把「焦慮」和「孩子」分開對待，焦慮很嚴重，必須以適當的嚴肅態度處理，但是和孩子在一起，你還是可以開玩笑的。這是一種維持平衡的行為，蹺蹺板的一頭是沉重的焦慮，另一邊是輕鬆的笑聲。巴布里克醫師建議可以全家一起看電視劇「我們的辦公室」（*The Office*），也建議父母對劇中的每一個笑話哈哈大笑，給孩子樹立榜樣，告訴他們如何以健康的方式減少壓力和焦慮，以笑聲讓心情變好。

這裡有幾條注意事項。

**瞭解你的聽眾：**如果你的家人很有幽默感，那麼加入一點黑色的內容可能會成功。如果黑色幽默讓人感覺不真誠，就會造成破壞，孩子可能認為你沒有認真對待他，於是感到被誤解，情緒沮喪，反而增加他的孤立感和焦慮感。

**絕不要逗弄孩子：**把諷刺當成一種幽默工具的話，必須非常小心的使用。這在夫妻諮詢中也會出現，對你的伴侶說「謝謝你洗碗」很有用，如果你又補了一句，「這次只提醒了一千次！」那麼，你就搞砸了。孩子更不能區分稱讚部分（「你和你弟弟玩了一個下午沒吵架」）和附加的諷刺部分（「我很驚訝你居然撐了五分鐘！」），他們只感受到最後的「汙染」。如果你習於諷刺，可能不會意識到這會讓孩子心裡多麼不舒服。找到你真誠的聲音是另一種做法，如果你天性不是這樣的人，要習慣真誠並不容易，你可能覺得講真心話尷尬，那就從小處開始，練習說一些讚美的話，最後講話就能不帶刺了。

㊄ **搭鷹架：**為青少年搭建開放溝通的鷹架

**架構**

設法創造與他們相處的優質時間，這對忙碌的青少年來說是個挑戰。如果不能每天安排時間在一起，那就每週或週末安排一個小時的時間。不准取消！（你也不准取消。）

**支持**

尊重他們對隱私的需求，不要強迫他們告訴你他們的私人生活。

**鼓勵**

等他們準備好了，幫助他們信任你，當他們信任你時，不發表意見和批評，讚揚他們的分享。

回到凱瑟琳和葛雯的故事上。

在一個同校同學自殺後，這對母女之間的溝通出現了問題。凱瑟琳告訴我：「我盡量不去窺探葛雯的感受，但我滿腦子想的都是：她感覺還好嗎？她仍然憂鬱嗎？我該怎麼做才能幫助她呢？」

我要凱瑟琳安心，她讓女兒接受治療，與醫師一起制定治療計畫，這已經是在替女兒搭建鷹架。

現在能做的最好的事，就是等待葛雯覺得能自在與父母談論（或不談論）她的感受，另一方面，密切觀察葛雯的行為是否有憂鬱症的跡象，同時控制好凱瑟琳自己被女兒的情緒狀態影響造成的情緒。

凱瑟琳只要求葛雯一件事，那就是每天花點時間在一起。她們養成了一個習慣，就是寫完作業後一起看電視，聊些無關緊要的話題。

「葛雯非常愛看Netflix平臺上的「英國烘焙達人」（*The Great British Baking Show*），我就和她坐在一起看，還聊到自己也來試著烤麵包看看。」凱瑟琳說，「我想這對我們來說會是一個有趣的活動，然後葛雯說，她想拿我們的烘焙作品給學校的音樂老師嘗嘗，接著說了一句讓我震驚的話：『她是我唯一的朋友，只要有空堂，我就會去音樂教室彈吉他，跟老師在一起。』」

凱瑟琳完全不知道她的女兒這麼孤立、這麼孤獨，如果她直截了當問起女兒的社交生活，她也不一定會發現。

但因為聊烘焙，真相大白了。

「聽到這句話，我像是肚子挨了一拳。」她說，「我替葛雯感到很難過，但也很感謝音樂老師一直在她的身邊。我知道我必須保持冷靜，不要激動，也不要去打聽，所以我就問：『老師也會彈吉他嗎？』然後我們聊她最喜歡的曲子，講到她的吉他技巧最近進步很多。我大膽開了個玩笑說：『好吧，我想沒有朋友是有好處的……』她居然笑了，這是幾個月來我和女兒第一次一起大笑。」

這是一個突破，葛雯終於讓媽媽進入了她的生活。

葛雯後來在治療中分享說，她一直不敢告訴媽媽自己有多孤獨，但是說出來之後，恐懼和羞愧少了一些，自我感覺也提升了許多。

一場不經意的對話，不料竟然加深了母女之間的信任，經由陪伴、傾聽和保持冷靜，凱瑟琳讓女兒打開心門。

葛雯可能還需要一段時間才能學會自在談論自己的情緒，但這對她們兩人都是一個好的開始。

## ㊀丁 釘牢那些踏板！

要搭建開放溝通的鷹架，父母必須與孩子在同樣的高度，做到誠實可信。與孩子互動的最終目的是加強信任，樹立尊重他人的榜樣。記得利用你的踏板。

| 耐心 | 關懷 |
| --- | --- |
| • 談論非個人的話題，隨口詢問他們的意見。<br>• 讓中立的對話（任何話題都好）維持下去，耐心等待他們說出心中真正的想法。這可能需要一些時間。<br>• 等到孩子徵求你的意見時，你再發表意見。 | • 適當的時候使用黑色幽默。<br>• 對他們的愛好和消遣方式感興趣。<br>• 不要批評他們在音樂、遊戲和節目方面的品味。<br>• 當他們問了很多問題時，讚美他們的好奇心，然後回答他們。 |

| 覺察 | 冷靜 | 追蹤 |
| --- | --- | --- |
| • 不管他們說了什麼，都仔細傾聽，然後輕輕將他們的心扉推開一些。<br>• 只要他們表達自己的情緒時，就表示稱讚，鼓勵他們思考為什麼他們會有這樣的感受。<br>• 注意你自己對溝通的焦慮和不適，為了孩子，你要克服它。 | • 待在孩子身邊，讓孩子看見，但保持中立，不要給人威脅感，也不要控制孩子。<br>• 不要提出開放式的問題（例如「你今天過得怎麼樣？」）這可能會被認為是窺探和操縱。 | • 觀察孩子在「野生環境」與同儕和其他成年人交談的情況，瞭解什麼是與孩子交談最好的方法。他們談論什麼？他們如何互動？在這個參考框架內努力更加認識孩子。<br>• 每天詢問他們狀況，問一些可以讓他們答覆的具體問題，「跟我說說練習的狀況」比「練習得怎麼樣？」要好得多。 |

# 讓孩子自主成長

# 07

Empower Growth

當一個孩子學習新技能時，他的建築會愈來愈高。學習代表嘗試，一定有失敗的時候，所以孩子在施工過程會安裝或重新安裝新零件。鷹架則始終在一旁，隨時準備接住墜落的建築碎片，協助運送建材，替新增建部分選擇工具。有的孩子的建築筆直向上擴展，形成多層建築，一層蓋在一層上，如同摩天大樓。有的孩子的建築向外擴展，如同不規則發展的牧場平房。

孩子的建築風格不是由你來決定，你不能強迫一個有天賦又有親和力的孩子從平房成長為豪宅，反之亦然。父母的鷹架應該配合孩子發展的形狀，父母阻止或控制孩子的成長都會阻礙孩子的成長。

我的朋友安妮是小學教師，總是積極參與兒子小泮的學習。小泮五歲時，她教他認字，小泮上一年級，她教他基本算術。小泮一個年級一個年級升上去，母子兩人都享受寫功課時間。但到了四年級的時候，這個培養親密感的儀式成了一個壞習慣，安妮每晚「幫助」小泮做所有的作業。

「不只是協助，我根本是給他答案。」她說，「我知道他需要做他自己的工作，但當我放手讓他去做時，他會掙扎好幾個小時，光看就覺得痛苦，我感覺不插手不行。他上中學後，我們困在這個模式中走不出來，我們都不指望他能自己做功課。要是照實說的話，都是我做的，我幫他寫作文，我幫他寫功課，他人是在一旁，但沒有什麼貢獻。」

小洋的老師都不知道這件事。「他在學校考試成績很差，但老師認為他是『不擅長考試』。他們對小洋網開一面，因為他的家庭作業做得太好了。」雖然看起來很奇怪，但小洋被認為是一個優等生。

安妮說：「我自己就是老師，我時常提醒家長，替孩子做太多事會有危險，而我回到家，卻無視自己提出的建議。我做他的作業所花的時間愈來愈長，變得沒空陪丈夫和小女兒。我們這個寫功課的習慣傷害了我生活的其他方面，但我又能做什麼？如果我拒絕做作業，我們的祕密就曝光了，這對孩子來說是一種羞辱，可能會危及他上大學的機會。」

當父母為孩子做太多事時，他們會阻礙孩子的成長。安妮是一個極端的例子，但她「幫助」兒子的手段阻止了他學習，只讓他學到他沒有能力自己做作業，他日復一日被教導要依賴他的母親。

我談了很多正向增強的力量，即使是出於最好的初衷，為孩子做得太多的父母也給孩子灌輸負向增強，讓他們相信自己無能，害怕任何的挑戰。

想培養出獨立能幹、不畏挑戰的未來成年人，那就在兒童時期少為他們做一點什麼吧。不是什麼都不做，而是退回到你的鷹架，用指導支持他們，鼓勵他們嘗試，允許他們失敗，引導他們思考發生了什麼，他們才不會重蹈覆轍。

除了像是美國職棒明星基特（Derek Jeter）和西洋流行天后碧昂絲（Beyoncé）這種十億分之一的例外，世上人人都經歷過失敗，而且是一次又一次。失敗是必然的，真正重要的是如何面對它，如果你鼓勵孩子從容面對失敗和拒絕，他們就長出保護他們一生的情緒盔甲。

## 父母顧問

當孩子還小時，我們的職責是「修理者」、「保護者」和「社交祕書」。我們在屋裡加裝兒童安全保護設施，讓他們無法鑽到水槽下面，我們堵住樓梯，防止他們摔下來。我們為孩子安排玩伴，舉辦聚會，有問題時給他們的老師打電話。但在這個過程的某個時刻，沒有任何預兆或暗示，父母的職責就起了變化，我們成了顧問，我們的工作是幫助他們自己找到解決辦法。

從「修理者」變為「顧問」，這是一個重大的變化，你可能很難做到。身為父母，我們適應社會的需求，扮演「修理者／保護者」的角色，介入問題，處理問題。如果孩子摔倒，膝蓋擦傷，你出於本能給他貼上ＯＫ繃，然後說：「沒事，小寶貝，痛痛飛走了。」然後他們回去打球，你也會因為自己妥善完成「解決問題」的任務而高興。

然而，你無法為被排擠或社交挫敗經驗貼上ＯＫ繃。當一個十二歲女孩突然被趕出朋友圈，或者一個八歲男孩記不住乘法表而覺得自己很笨時，沒有立竿見影的辦法可以「修好」它。你沒有辦法保護孩子不受到生活的考驗，但可以遞給他鎧甲，教導孩子為自己發聲，從而培養生存與成功所需的恆毅力。

來我們研究所的父母中，有焦慮孩子的父母停留在「修理模式」的時間往往更久，甚至可能永遠不會轉為「顧問」。一旦孩子表現出焦慮，父母立即開始喋喋不休列舉解決辦法，比如「執行你的冷靜策略」和「讓我們來好好談談」。父母基本上是帶著打開的工具箱，準備立即採取行動，把他自己的工具交給孩子，孩子於是學到了依賴父母解決問題，像是「我去問我媽，她知道怎麼辦。」

例如，如果孩子考試考得很糟糕，「修理型」的父母會說：「你應該打電話跟老師談談。你應該去找那個數學很棒的朋友，請他教教你。你應該更用功。」你應該、你應該、你應該……聽聽你是如何跟你的孩子說話的。當你聽到這句話時，該要注意了，你處於修理模式，本質上就是直接挑選工具遞給孩子。

要做孩子的鷹架，父母就得要支持、鼓勵孩子學習如何自己替特定任務選擇適當工具。他可能會選錯，你可以引導他檢討為什麼該項工具不是最好的選擇。下一次，他會願意嘗試新的工具。

這不是任由他自行處理，你是站在一旁與他合作，讓他自己想出解決辦法。與其讓他依賴你的答案，不如引導他想出自己的辦法。

像往常一樣，從滿足孩子情感需求、不做批評和肯定孩子開始。你可以說：「我很難過發生了這樣的事，聽起來對你真的很困難，我懂得你的心情。」緊接著提供指導，你可以說，「怎麼處理這個問題，我有一些想法，但你不如先告訴我你的想法，我們可以交換意見，看看哪一個想法聽起來是比較好的下一步？」經由合作，你們兩個會想出解決辦法，但是兒童或青少年必須自己思考，提出自己的主張。

孩子一開始可能會說，「只要告訴我怎麼做就行了！」但只要他們習慣了自己能發揮影響力的感覺，有了些權限和掌控力，他們其實會更情願犯錯，吸取教訓，找出自己的解決辦法。放棄控制對你來說可能很難，但你要知道，這麼做是為孩子日後的獨立建立框架，這個選項似乎沒有道理不選擇，但你也可以維持「修理模式」，歡迎孩子在你的沙發上窩到四十歲。

## 成長區

一種心理狀態通常稱為一個「區」。在孩子發展的工地，認識不同的區域，分辨什麼是安全區域，什麼是不安全區域，也很有幫助。

**舒適區**：比喻沒有焦慮、沒有壓力的地方，在這裡人感到安全有保障，相信自己掌握著控制權，可以輕鬆完成任何社交、情感、行為或學術任務，不需要父母師長的幫助。在舒適區，孩子建立自信和自尊，他從事某一活動時很有安全感，他也喜歡這項活動，因為他已經熟練掌握了。在這裡閒蕩可能感覺很好，也可能有點無聊。由於成長來自於學習新事物，學習會顯得你無知無經驗，於是變得脆弱，因此要成長只能離開舒適區。

**成長區**：最大的學習和成長發生在舒適區之外，孩子為了獲得新技能而伸展手腳，一九二〇年代，蘇聯教育心理學家維高斯基將這個區域稱為「近側發展區」（zone of proximal development, ZPD）。在近側發展區，如果缺乏成人的指導和支持，孩子無法完成某項技能，有了互動，孩子才會獲得知識，達到精通的程度。[36]一旦掌握了技能，孩子和指導者就可進入下一個有點困難的技能。

維高斯基博士認為，在近側發展區教育孩子，也就是稍微超出他們目前的能力，但離他們既有的能力不遠，能激勵孩子成為獨立的問題解決者與自我激勵的學習者。如前所述，美國心理學家布魯納從維高斯基的觀點出發，在教育脈絡下的「合作學習」使用了「鷹架支持」這個術語；這個理論在兒童情感、社會和行為學習的脈絡下也適用：學習，也就是成長，是一個不斷觸及更多的過程，總是由親子合作才能實現。

你們同在這個區域，但一旦孩子學會他需要學習的東西，就可以繼續前進，往上進入下一個層次，而你就在不遠的鷹架旁為他加油。

**危險區：**如果任務或活動遠超出孩子的能力範圍，以至於他無法與父母合作解決問題或學習技能，那麼他就進入危險區。在危險區，他可能出現焦慮、壓力和憤怒的反應。當孩子拋下拼圖或玩具氣餒的離開時，就是進入了危險區，如果你用自己的情緒來回應他的氣餒，他會把你也拖進危險區。在危險區中唯一能學到的是自卑。在提供鷹架幫助孩子獲得新技能的過程中，盡量遠離危險區。耐心的踏板在這裡非常重要，萬物皆有屬於它的最佳時間點，成長也是。

## 失敗也是一種選擇

抱歉，尤達大師的粉絲們，但我不同意他的絕地哲學：要麼做，要麼不做，沒有「試試看」這回事。

其實，是有試試看這回事的。而且，每一次嘗試都有可能成功，有可能失敗，甚至也算成功也算失敗。身為成年人的我們知道，當我們第一次嘗試打壁球，或在社區劇院表演時，我們可能會發現以前未被開發的才華，也可能我們打得很爛、演得很糟。為了追求我們的欲望和好奇，在通往成功的喜悅和滿足的道路上，我們可能經歷了尷尬、挫折和困惑。另一種選擇是按照慣性過生活，因此你不是在成長（嘗試、失敗、學習），就是在原地踏步。對於你的孩子，儘管他們很有可能會失敗，你藉由教導他們去冒險，替他們現在和未來的成長提供鷹架支持。

標籤式讚揚在這裡有重要的作用。如果你想讓孩子更積極主動，自發性的幫助他人，你必須在他們嘗試時誇讚他們。不過要注意你的讚美內容，如果我們誇獎成功，孩子會以為失敗是不好的，但失敗沒有好壞之分，只是一種可能的結果。

觀念必須改變，但在我們「贏家通吃」的文化中，改變觀念很難。美國父母害怕自己和孩子遭到拒絕和失敗，試圖不惜一切代價來避免。經過社會化後，我們會害怕不過是生活中某件事實的東西。

我們必須從邏輯上理解一件事：過程（我們如何引導孩子努力學習、善良、富有同情心、表達自己）比結果更重要。當孩子為成績、加入校隊、獲得社交地位而緊張時，我們就忽略了這一點。

艾蜜莉，十四歲，有嚴重焦慮症，在期中考和期末考試前幾天總是焦慮不安。面對女兒的壓力，她母親戴安娜的反應是要艾蜜莉更加用功，但這沒有幫助。強迫學習是艾蜜莉焦慮的症狀之一，不是使她心情鎮定的應付策略，要她更用功，這就像要一個毒蟲吸更多的可卡因。

我們輔導戴安娜用不帶偏見的肯定來支持艾蜜莉，把失敗視為只是偶爾會發生的事，對她的女兒說：「我懂你的心情，你擔心考不好，你也許會考不好，這沒關係。」

沒了考不好的「死亡威脅」，艾蜜莉可以把她的缺陷（焦慮）變成一種優勢（生產力），她複習功課的時間仍然是同儕的兩倍，而且總是去找老師以求心安。但當她告訴自己考不好沒什麼大不了的，閥門就鬆開了，「我做不到！」的毀滅性焦慮也就消失了。

戴安娜必須多次向女兒傳達同樣的訊息，在女兒就讀大學期間，每逢期中考或期末考，戴安娜的耐心都快要被磨光了。不過艾蜜莉最後明白了這個訊息，現在她已經長大成人，開始求職，這過程雖然緊張，但她說：「失敗不會要人命，失敗了，我就再試一次。」

## 讓失敗變成一種樂趣

失敗是一種機會。我不願說我們應該慶祝失敗，如果你的孩子搞砸了，你不需要開派對。但我的確相信，父母可以在孩子很小的時候就教育他們，讓他們知道失敗也是一種樂趣，從而消除他們對失敗的恐懼。

我就是這麼對待我的孫子傑克遜。昨天，我給他讀了六遍《晚安，月亮》（*Goodnight, Moon*），反覆的問：「紅氣球在哪裡？」他指出氣球，我就說：「很棒！」讀到第四遍時，即使在畫面很暗、氣球看不見的那幾頁上，或者根本沒有出現氣球的那幾頁，我還是繼續問：「紅氣球在哪裡？」他會尋找氣球，然後想要翻頁，最後我們都笑了。有時他指到錯誤的圖案，我就鼓勵他再找找看，不管怎樣都誇獎他，這樣他就不怕猜錯了。

等他再大了一些，開始學習字母的時候，我會繼續保持這種「怎樣猜都對」的策略。我會要他指出「房間」或「乳牛」這些字，不管指對指錯，我都會誇獎他。我們家族有學習障礙，我們拖得太晚才注意到兒子亞當問題非常嚴重。但對殘疾的恐懼會拖延治療，而對問題沒有警覺或害怕問題的孩子或父母，並不會合作尋找解決辦法。所以，我陪傑克遜玩「怎樣猜都對」遊戲，用有趣的聲音，盡我所能讓閱讀變得有趣，這是其中一個我評估他是否有解讀語言能力的方式。我兒子、兒媳也很警惕，如果孩子確實有學習障礙，他們會在第一時間發現，我知道他們一定會做好鷹架工作，讓孩子得到專家的支持，鼓勵他努力和進步。

## 俯衝介入

我們徘徊在孩子四周，當他們遇上一個小小障礙時，便出手幫助他們，這叫「直升機育兒」(helicopter parenting)。替孩子處理所有問題，這是「管家式育兒」(concierge parenting)。清理孩子所有的障礙，那是「掃雪機育兒」(snowplow parenting)。所有行為都如出一轍，父母害怕孩子失敗和遭到拒絕，因此替孩子解圍救困，做功課、打電話給老師和教練、為孩子處理每一件雞毛蒜皮的事。

我們則是把這些教養方式統稱為「俯衝介入」(swooping in)。二〇一九年的大學入學醜聞是一個眾所周知的例子，媒體稱為「大學藍調行動」，[37]許多家長被指控靠賄賂把孩子送進大學，其中包括了演員洛夫林和霍夫曼等名人。他們找上大學顧問辛格（William Singer）經營的公司，該公司以各種各樣的欺詐行為，讓學生獲得美國頂尖學院和大學的錄取，比如，讓ACT和SAT監考人員在學生交卷以前更改答案，在入學申請表上虛構體育明星的歷史，賄賂學校員工。當此一消息傳出時，全美似乎都對這些有錢父母的無恥行為感到憤怒和厭惡，這是一個真正的「該死的有錢人」的文化亂象。一些家長後來被判了刑，繳納巨額罰款，也吃了牢飯。那些本來該從父母的欺騙中獲益的孩子（有的參與了，有的完全不知情），又該怎麼辦呢？現在他們可知道了，他們的父母不信他們能靠自己的本事進入大學，說句不好聽的，這一定很傷人。

俯衝介入的諷刺是，父母相信他們是透過預防受傷來幫助孩子，但實際上是阻止了孩子的成長。

假設你女兒在學校話劇中沒有得到想要的角色，你不要匆忙介入這件事，打電話給戲劇老師，要求一個解釋，告訴孩子選角背後有黑手，她比得到這個角色的孩子更有天賦，然後阻止孩子再去試鏡，因為整個過程本身很不公平，很可惡，不能再來一次。這個做法是讓孩子待在沒有危險的舒適區，過度安全。

無法忍受孩子失敗的父母，十有八九會過度控制，以平息自己對生活不確定性的焦慮。他們自我意識很脆弱，不幸的是，他們的教養行為也導致孩子有相同的脆弱。為兒子小洋做了十年作業的安妮，從小在課業上得不到父母的支持，安妮告訴我：「我不認為是忽視，但他們從來沒有參加過家長日，也沒有要求看我的成績單，他們沒有幫助我申請大學或學貸。」她發誓，孩子絕對不會像她那樣覺得沒有人支持，但她朝反方向走得太遠了，養出了一個依賴的孩子。

要支持孩子度過沒有選上學校話劇角色的難關，鷹架教養的做法是，先肯定孩子的失望，然後鼓勵他表達自己的感受，再與他協商應對的策略。

從一個關鍵問題開始：「為什麼？」例如，「你認為為什麼會這樣？」，列出「為什麼」的可能清單。

- 孩子在試鏡前排練得不夠。
- 也許她的演技不如她自己的期待。
- 她那天狀況不佳。
- 另一個孩子演技更好。

圖 搭鷹架：為兒童搭建成長的鷹架

**架構**

到孩子七歲時，父母可以開始從修理、保護模式轉向顧問模式，讓孩子解決自己的問題。對父母來說，做這樣的改變很難，但孩子更樂於擁有自主權，對自己的生活有一定的控制力。

**支持**

在孩子失敗後，肯定他們的感受。孩子在成長區學習新技能時，父母與他們合作。總是留意孩子是否困於舒適區，溫和引導他們接受下一個挑戰。

**鼓勵**

以稱讚的方式強化努力和解決問題的能力，在生活的考驗中，樹立保持穩定的榜樣。當孩子冒險的時候，無論結果好壞，都要鼓勵他們，讓他們知道失敗是難免的。

一旦知道了「為什麼」，你就可以採取糾正措施。如果女兒發現自己臺詞不夠熟，就會記住下次要背熟那幾頁臺詞再去試鏡。如果她承認得到角色的孩子更出色，那麼她可以去上課或多練習來磨練演技，或者問一問哪個角色更適合她的個人才能。

問「為什麼」，也是讓被拒經驗和孩子對它的解釋之間多了情緒距離。你要避免孩子或青少年對事件有一個全面負面的解讀（把一次失敗變成他們對自己整個人生和身分的看法），這會導致焦慮和憂鬱。[38] 考試不及格，變成了「我很笨！」，沒有入選校隊，變成了「我什麼都做不好！」，沒有獲邀參加舞會，那是「從來沒有人喜歡我！」，沒有得到這個角色，結果是「我再也不放手一搏了」。和孩子討論「為什麼」的具體細節，他就不太可能會把一次的失敗變成他的人生故事，藉著思考原因和理由，她能學到運用邏輯解決問題，這是一種能夠增強情緒控制能力的應對策略。

## 孩子不是迷你版的你

有一位父親，叫他艾登吧。他來找我討論女兒唐娜突然決定放棄足球的事。唐娜多年來一直是明星球員，父親十分以她為榮，每一場比賽都到場。艾登自己讀高中時，也是球隊中的一員，有天賦的女兒能和他同樣熱愛這項運動，他覺得非常高興。

升高二那年夏天，唐娜哭著向父母宣布，她再也不想踢足球。她的父母都很擔心；從她六歲起，足球就是她的「最愛」，怎麼改變主意了呢？「我們完全嚇傻了。」艾登說：「十年來，我帶著她去比賽，在場邊加油，看著她的球技不斷進步，然後，她不踢了？這是最壞的時機，大學招生人員剛剛開始注意到她，也許她被其他女孩子欺負了？她一定很鬱悶，不然為什麼要放棄呢？」

為什麼十六歲女兒不想再做她持續做了十年的事呢？心理因素是這個父親能想出的最佳理由。

「有沒有可能她其實並不喜歡足球呢？」我問道，「或者她只是想嘗試其他的東西？」

艾登看著我，好像我瘋了一樣。但他承認，他從來沒有和唐娜討論過她對這項運動的感受，他寧願把女兒關在他覺得安全有保障的舒適區，不讓她自由冒險進入成長區，嘗試新鮮事物，往外探索，也許會失敗，但總是在學習。

持續和同一個教練、同一個球隊從事同一種運動賽事，讓她覺得窒息，也阻礙了她在其他地方可能找到的潛力。

「你有沒有問過她，除了足球，她還想做什麼？」我問。

「她說想加入演唱團體，她看了一些電影還是電視節目，現在變得很想唱歌。我可以告訴你，科普萊維奇醫師，我在車上聽過這個孩子的歌聲，她並不擅長唱歌，她正在放棄自己的未來！」

事實上，她成為職業足球運動員的可能性，與成為職業歌手的可能差不多。但是，此時此刻，正是鷹架支持發揮作用的時候，父母的工作是，在孩子勇敢的告訴你他需要什麼時，回應他的情感需求，傾聽，不加以批評。

在我溫和的督促下，艾登檢視了自己逼著孩子參與體育運動的個人原因，意識到他正試圖透過唐娜重溫自己的明星運動員經歷。他還看中了一份體育獎學金。在治療過程中，唐娜表達了讓父親失望的痛苦，但她真的厭倦了這項運動，無論是運動本身，還是假裝像她父親那樣熱愛這項運動。

**父母逼迫孩子的自私原因**

- 讓他們申請大學的相關資料更豐富
- 重溫自己昔日的光彩
- 避免自己過去的錯誤
- 達到他們小時候沒有達到的目標
- 恐懼或擔心孩子跟不上進度
- 因為孩子沒有做「正確」的事情而感到尷尬

給父母一個重要的提醒：你的孩子不是迷你版的你，讓他選擇自己的活動，瞭解自己是誰，他關心什麼，什麼能讓他感到自信，這會增強成長能力。利用你的權威，考量她的最佳利益，你可以自問，「這個活動會豐富他的生活嗎？」、「這能使他快樂嗎？」、「這能建立他的自尊嗎？」、「這會讓他更有膽識嗎？」

你必須將自己的目標和期望與孩子的現實情況分開。要做到這一點，兒童心智研究所過動症和行為障礙的專家李醫師（Stephanie Lee），建議父母們坐下來，為孩子寫下一份目標清單。她讓父母問自己，每個目標是否真的是關於他們的孩子？還是和父母自己有關。換句話說，他們的目標是對父母重要，還是對孩子確實重要？

「父母可能會給孩子設定『自信』的目標，然後稍加思考後，意識到這可能是他們自己的目標，因為他們從前並不是自信的孩子。或者他們可能會寫『有成就』，然後意識到他們設定這個目標，是因為他們覺得孩子的成就會反映出他們的成就。『快樂』可能也是列出來的目標，因為父母自己很焦慮或憂鬱。」李醫師說。

對孩子來說，更好的目標是「成長」。通過肯定、給予信心和合作解決問題，替孩子提供鷹架，教會他自己面對挑戰或挫折所需的技能。

如果他能做到這一點，最終的結果將是他感到自信，變得有成就感，而且很快樂。

## 觀察孩子的抵抗原因

瑪麗亞數學很棒，她媽媽卡門建議她加入數學社。

卡門對我說：「我認為這很有道理，她對數學有興趣，她可以和有相同興趣的孩子在一起，這還用問嗎？但瑪麗亞表現得好像我建議她從屋頂上跳下去一樣！」

常有家長抱怨說，他們的孩子拒絕嘗試能促進成長又適合他們的活動。

在這個案例中，卡門和瑪麗亞進行了一次談心，結果發現瑪麗亞覺得害怕，怕她如果加入了數學社，會被認為是個比現在還要怪的怪胎。

「我透過肯定和鼓勵為她提供鷹架，我告訴她，她不想加入社團也沒關係，但生活在別人想法的恐懼中只會傷害自己。瑪麗亞翻了個白眼，但我想她明白了。」卡門說，「當我們開誠布公討論這件事的時候，她說出了她的恐懼，恐懼於是就消失了，最後她真的加入了那個社團。」

通常的情況下，當孩子感到被父母的「建議」（對孩子來說更像是命令）束縛時，就會出現溝通不良。父母可能為孩子報名了活動，拒絕參加是孩子維護某種程度控制的唯一具體方式。這些情況不見得容易解決，但可以解決。

然而，有時孩子堅決不肯做某些從客觀上來看是好的事情，那可能是原因在其他地方。我們有一個七年級的學生，他是個電腦高手，寫程式能力遠超越他的年級水準。電腦老師強力推薦他加入程式設計研究社，他的父母也認為這是個好主意，他們的兒子沒什麼朋友，這看來是建立一些關係的好方法。

但是男孩拒絕了。

我們的任務是，確認他的拒絕是與控制、恐懼有關，還是一個更大問題的跡象。結果，我們評估他有未被診斷的社交焦慮症，他對參加社團的想法會有類似「膝躍反射」的本能反應。治療後，他學會如何平息這種本能，讓焦慮和抗拒反應變得和緩，最後也確實加入了社團，交到朋友，獲得了樂趣。

如果他的父母沒有仔細觀察他的抵制，可能就不會發現男孩有一個真正的情緒缺陷需要介入幫忙。

假如你的建議遭到強烈反對，那麼可能有更深層次的原因。

如果你確定問題是厭惡或是沒興趣，那麼繼續建議新的成長途徑。

你的孩子可能會一次又一次的翻白眼，但要不斷的嘗試激發孩子的興趣。倘若他帶著一個你絕對會討厭的想法來找你（好比「我想學打鼓！」），試著迎合他，給他的興趣一個堅持到底或三分鐘熱度的機會。

| 他們只是缺乏動力嗎？ | | |
|---|---|---|
| **厭惡** | **危險訊號** | **反常** |
| ○你的孩子不喜歡這項活動。<br>○誇張的翻白眼和假裝嘔吐的聲音是厭惡的跡象。<br>○孩子可能喜歡過這項活動，但孩子的喜好隨著年齡而改變，他喜歡過的東西，現在可能變得非常討厭。<br>○持續尋找孩子會喜歡並樂於從事的活動。 | ○你的孩子對活動漠不關心。<br>○聳肩和沒有反應是不感興趣的跡象。<br>○不感興趣可能是因為不熟練，比如不擅長運動的孩子對運動漠不關心。<br>○可能是由於社會壓力，如這種活動不被認為「很酷」。<br>○如果你感覺社會壓力凌駕於孩子的喜好和興趣之上，請鼓勵他追隨自己的好奇心。 | ○你的孩子以不適當的強度對活動做出強烈的反應，比如發脾氣、大哭。<br>○他的拒絕，可能是因為他覺得快要筋疲力竭，再增加一項活動他實在應付不來。<br>○強烈拒絕加入他興趣領域內的社團或團體，可能顯示他有社交焦慮症。<br>○他拒絕參加學術性社團，可能是因為他有學習障礙，擔心這會被人知道。 |

## 你不能強迫成長

園藝家知道可以透過控制植物的光照強迫植物開花，但我們無法這樣對待孩子，我們不能操控孩子往某個方向或根據特定的時間表成長。

事實上，如果你試著催促孩子發展快過他的節奏，反而是揠苗助長。每個孩子都是不同的，有著獨一無二的歷程，你不能期望你的孩子根據某一特定的時間軸發展，也許你直覺上明白這一點，但你仍然擔心你的孩子「跟不上」。我們不鼓勵比較，因為事實上「每個孩子都是按照自己的節奏成長」。不過，密切注意孩子的發展還是很重要，這樣你才能讓孩子健康成長，察覺任何有關的延遲。請努力在以下三方面尋求平衡。

一**部分靠資訊**：基本的發展指標可以在網路上找到，但在蒐集資訊時，不要只利用Google，要依靠專家（兒科醫師、治療師和教師）。他們瞭解你的孩子，對正常的發展範圍有廣泛的認識。

一**部分靠直覺**：傾聽你內心對自己孩子的想法，如果他的同儕準備好了某種技能或參加某項活動，但你認為你的孩子還沒準備好，相信你的直覺。如果你覺得有問題，留意那個聲音，並尋求專業的見解。

**還有一部分，關係到你對孩子的影響力**：注意你如何根據自己的偏見和個人經驗，試圖推動或阻止孩子的成長。

布斯曼醫師告訴我一個故事，這個故事是很棒的例子。「我和丈夫都很愛讀書，我們想鼓勵九歲的兒子也喜歡看書，如果他能寫讀書日誌，那就太棒了。」她說，「他該讀什麼書，他該花多長時間讀完一本書，一個月讀多少本書，這些我都有自己的想法。這個過程比我想像的還要困難，所以我想到我可以去請教老師，身為父母的我們常忘了可以去找老師。我告訴她，我認為兒子應該能讀橋梁書了，而且一本讀完就換下一本。但老師說：『小孩喜歡把一本書反覆讀好幾次，這對他們的理解力和寫作能力很有幫助。』我心想：哈，所以你是老師，我不是。」

身為一個雄心勃勃的家長，布斯曼醫師想要督促兒子閱讀愈來愈有挑戰性的新書，但是他的閱讀能力能夠因為重讀舊書而提升，布斯曼醫師的心得是，「父母需要知道他們不知道什麼，向可靠的資訊來源尋求幫助。」該名老師有多年的教學經驗，引導過數百名孩子閱讀，而像布斯曼醫師這樣深諳孩子大腦活動的人，並不一定是兒童閱讀專家。

但在其他方面，誰比你更瞭解你的孩子？也許隨便一個十歲孩子都可能有能力閱讀《哈利波特》，但身為家長你會知道魔法世界對你兒子來說太緊張刺激了，所以暫時把那些書束諸高閣。[39]

多年來，我們在研究所看到父母試圖強迫孩子成長，逼他們接受他們還沒有準備好的經歷，好跟上同儕的步伐，表現出成就，或充實申請大學用的資料。有一對父母暑假時把女兒送去中國，當時離家這麼遠對她來說很痛苦。有個醫師父親，堅持讓十幾歲的兒子到醫院實習，但是男孩一看到血就覺得快昏倒了，天天晚上哭著要回家。

「我有一個八歲個案，每週行程排得滿滿的，各種活動、好幾堂家教、手寫職能治療和物理治療，實在太多了。」布斯曼醫師說，「一個孩子如果需要職能治療、物理治療和課業輔導，我當然不會反對，但在這種情況下，我認為他的行程安排妨礙了他的情緒發展，我告訴他的母親：『你的孩子活動實在太多了，我擔心他沒有空當一個小孩，只是玩耍，當個孩子。』她聽不進去，她全心全意的相信，她的兒子需要『超前進度』，這就是她實現這個目標的方法。」

而事實是，孩子才十歲時就筋疲力盡、焦慮不安，不得不放棄一切，甚至離開學校一個學期。在母親督促兒子「超前進度」的過程中，男孩反而落後了。

「有時父母希望他們的孩子能成為佼佼者，但並非每個孩子都能成為佼佼者，我的曾祖母說過一句話：『一個蘿蔔一個坑。』」布斯曼醫師說，「不管接受多嚴格的課業輔導，不是每個孩子都進得了常春藤盟校，你難道不希望孩子去一所在學術、社交、情感和氣質上都很適合他的學校嗎？我有個個案，她把觀察紐約高中當成一種練習，我請她和她的媽媽寫下她們喜歡的學校，媽媽喜歡的是這些學校的名氣，女兒則注意到了學校的氛圍，她形容某一所學校是『一個溫馨的地方』，她覺得很舒服，那裡的人很好，她在那裡很自在，她覺得那所學校和她投緣。學校不只是學習學術知識的地方，也是學習人生經驗的地方。」

在學校、活動、友誼以及孩子成長的速度和方向上，假使你追求名聲，而非情感契合，對孩子會產生可以預料的負面影響。他們會焦慮，覺得壓力過大，轉而採取逃避現實的行為來面對，這些反應無法促進成長。然而當孩子在學校、在活動和在友誼中感受到「舒適」的品質時，他們就有足夠的安全感去冒險、探索與體驗，進而逐漸成長。

## 從大局著眼

「當青少年面對失敗時，父母可以藉由提出有遠見的觀點，提供孩子鷹架支持。」兒童心智研究所舊金山灣區的臨床主任賴內克（Mark Reinecke）說，「孩子認為，如果三角函數得到一個C，天就要塌下來，因為他們進不了普林斯頓大學。」（僅供參考：他們可能是對的，普林斯頓大學的錄取率是百分之六。[40]）「那麼父母要怎麼做才能給孩子一個更正面的觀點呢？問問他們：『我只是想知道，如果你沒有進普林斯頓大學，你會快樂嗎？』」

對此，父母也可以問問自己：「如果孩子沒有進入普林斯頓大學，你認為自己會快樂嗎？」孩子對於進名校的壓力多半都來自於他們的父母。

經濟學家迪頓（Angus Deaton）和諾貝爾獎得主、心理學家康納曼（Daniel Kahneman）在普林斯頓大學任教做研究，他們曾經探討這個問題。他們的研究題目是高收入（許多家長和學生認為高收入與常春藤大學學位有關）是否決定幸福和生活滿意度，在兩年內調查了四十五萬人，發現大多數人（百分之八十五）表示，無論收入多寡，他們每天都覺得幸福。[41]高收入者承認，有錢讓生活更輕鬆，但財富並沒有使個人更快樂。如果他們有足夠的錢來支付每月的帳單，還有一些可以用於娛樂的金錢，他們的生活滿意度就會與他們之中最富有的人相當。

「那麼三角函數考試成績呢？不重要。進入頂尖大學呢？也沒有你想像的那麼重要。」賴內克醫師說，「無論你讀什麼大學，你可以痛苦，也可以快樂，如果你現在很快樂、很樂觀，你以後可能也很快樂、很樂觀。反之亦然。選擇哪所大學對這些發展軌跡沒有絲毫的影響。」

對於一個陷在申請大學競爭危機中的青少年來說，可能難以接受「把眼光放遠」這樣的觀點。那些肥皂劇故事，像錯過的工作機會、壞男友傷了你的心，讓你有機會認識未來的丈夫，這類因禍得福的例子，激勵不了一個正在為某男孩沒有回簡訊而傷心的少女。

但是，你要持續向他們灌輸健康的觀點，要培養內涵，別為了考試、遊戲、派對或服裝而驚慌失措。面對失敗，擁有一個長遠而寬闊的視野最重要，這是你對自己的要求，也會是你對孩子的要求。如果孩子能靜下來坐著聽你講故事，他們或許坐立難安，但終究是逐漸聽了進去。青少年的特點是，即使他們一直在哀號，他們確實也會聆聽，也會向你尋求指導。

而你正在樹立眼光放遠的榜樣。在風暴面前，你保持平衡與冷靜，孩子會從你身上學到一件事：一個壓力事件、一次損失、一場失敗、一回社交羞辱，都需要反省檢討（「為什麼」），但從長遠角度來看，挫敗帶來成長和學習。錯誤在所難免，但是如果你和孩子不小題大作（讓問題變得比實際情況更嚴重），很清楚今天看似重大的事一年後可能就不重要了，你們就能向前成長。

要鼓勵青少年從大局著眼，賴內克醫師建議：「學蘇格拉底，把你的意見以問題的形式提出來，比如說，『我只是想知道，你認為五年後這些事情還會很重要嗎？』如果孩子說不重要，你可以說『我認為你是對的』來加強這樣的信念。如果他說很重要，那就多問一些問題，促使他解釋原因。」

經由這樣的對話提供鷹架，指引青少年自我提問，和反思自己的價值觀，從而更客觀、有智慧的看待人生的起落。

㊈ **搭鷹架：**為青少年搭建成長的鷹架

**架構**

藉由和孩子能夠深入討論失敗來提供架構。不要以讓孩子免受痛苦為目標來安排生活。俯衝介入不健全的架構，會養成青少年的依賴和無能，與你所希望的恰好相反。

**支持**

重要的不是你對孩子的要求，而是他們自己想要什麼，支持他們追求自己的目標和興趣。

**鼓勵**

在這個充滿戲劇變化的緊張時期，當他們的失敗和問題看起來很嚴重、但一年後就不重要時，要鼓勵青少年以長遠眼光看待事情。

從幼兒園起就一直在替兒子做作業的那位老師安妮，明白她的行為會讓小泮對於大學和人生毫無準備，她必須對小泮說：「我們不能這樣繼續下去，我們必須改變。」

如何走出他們所陷入的模式？他們各自寫下自己的想法，生平第一次出同樣的力氣合作解決一件事。他們的計畫包括聘請家教，雖然家教費對家庭是一筆負擔，但他們承認，從長遠來看，花這筆錢是值得的。安妮需要有更多的時間陪伴丈夫和女兒，也需要有一些自己的時間；小泮必須學會安排自己的時間，如果他想要讀完大學，自立自強，就要自己寫得出作文。

「最大的變化是我與小泮的關係。」安妮說，「多年來，我縱容他，我是他的共犯。我愛他，但我會把他和不好的情緒連結在一起。我不再做他的作業後，我們一塊做了跟學校無關的事，好好玩。請來的家教老師也都很好，不過小泮的成績還是一下子退步了很多。我的新角色是鼓勵他、關懷他，這對我們兩個人來說健康許多。」

等到小泮要讀大學時（一所很好的州立大學）他已經做好了準備，順利獨自應付大學課業。「他的第一張成績單大多是B和D，不過那是他自己得來的成績。」安妮說，「別的孩子可能會認為這樣的成績很差，但對小泮來說，他終於體驗到靠自己力量完成任務的喜悅。」

這讓安妮覺得更內疚了，因為她多年來剝奪了這種喜悅。「但成長不只是孩子的專利，我也從我的錯誤中汲取了教訓，我現在特別當心，不要幫女兒做太多事。」安妮說。

在教養子女過程中，這是一個偉大而令人謙卑的發現：當我們推動孩子成長的同時，父母自己也在學習，我們也有很多很多的東西要學習。

## Ⓣ 釘牢那些踏板！

所謂的成長是一個不停嘗試、失敗、學習、再嘗試的過程，父母可以運用他們的踏板促進成長。

| 耐心 | 關懷 | 覺察 |
|---|---|---|
| 你知道自己可以幫孩子做事來消除他的痛苦，看著孩子掙扎、失敗，感覺很可能像是一種折磨。當你把他推出舒適區，親子一起在成長區合作獲得成果時，你的耐心會一次又一次受到考驗。但耐心得到的回報，是一個自立又有上進心的學習者。 | 做一個可以依靠的肩膀。孩子因為失敗而傷心，就讓他傷心，但肯定他的感受。然後，帶著關懷和同理心，將討論溫和的轉向「為什麼」，引導他思考解決問題的方法。 | ・始終要留意一件事，你對孩子的要求可能更多原因跟你自己和你的過去有關，而非為了孩子的最佳利益。每當你感覺到有逼迫孩子的衝動時，反省一下你為什麼會有如此強烈的感覺。 |

| | 冷靜 | 追蹤 |
|---|---|---|
| • 當父母俯衝介入時，通常是因為他們自己對生活的不確定性感到恐懼。如果這讓你想起什麼，在你出手之前，先檢查一下自己。生活是不確定的，最好是讓孩子瞭解這一現實，而不是強化一個有害的幻覺。 | 失敗會痛，遭到拒絕帶來苦惱。但你要樹立榜樣，讓孩子明白失敗和遭到拒絕只是結果，而不是「我什麼都差勁！」這種廣泛的消極解釋，孩子必須學習從容接受自己的失敗，跌倒了，站起來，撣去灰塵，繼續前進。不激動，也不要自怨自艾。 | • 孩子如果拒絕看似非常適合他的成長機會，要更仔細觀察理由，畫地自限可能暗示有更深層次的問題，需要專業的干預。<br>• 利用可靠的資訊來源、直覺和影響力，瞭解孩子是否以強健的步伐成長，但不要拿他的成長與同儕相比較。 |

# 培養力量

# 08

## Build Strength

孩子的建築逐漸發展，父母的鷹架在清楚可見的近距離隨之上升。一切都很好！但建築必須加固，才能保護所有這些出色的發展，讓建築更上層樓。安裝內部鋼梁（如勇氣、信心、韌性和毅力），孩子擁有的就不只是一棟可以「居住」的建築，也是一座禁得起風吹雨打和危難挑戰的堡壘。即使他確實受到外來力量的攻擊，也會有內在的力量來對付世界丟給他的任何衝擊。從鷹架上，你用指導、支持和示範力量來加強那些鋼梁。

我和兒童心智研究所舊金山灣區臨床主任賴內克剛建立友誼時，他就跟我聊到了他成年女兒的幼年時期，「葛瑞絲很焦慮，我不知道她是不是遺傳到焦慮的傾向，但她的確從一兩歲就開始表現出焦慮。」他說，「坦白說，她從小到大經常生病，在胎兒時期就有一些威脅和危險，一出生便得了重症。兒童生病會影響父母對於這個孩子的看法，我們覺得她很脆弱，在一個危險的世界長大，沒有把握她能活下來。所以她成了一個很焦慮的孩子，怕東怕西，總是縮在她媽媽的影子下抱著她的腿。她膽小，不願意探索外面的世界。」

他繼續說：「她大約六歲的時候，有一天我和她在我們家前院玩，她騎著滑板車來來回回，她說『爸爸，看我，看我！』我鼓勵她，『你好棒，葛瑞絲！看看你，騎得多棒！』」

接著葛瑞絲的外婆，也就是賴內克醫師的丈母娘，走出了屋子。「我們都很喜歡外婆，外婆是最棒的。」他說，「她看了一眼滑板車上的葛瑞絲，對我說，『你知道，她要戴頭盔，穿護膝護腕，摔倒才不會受傷。』」賴內克醫師沒有立刻同意。

「我說『孩子的外婆，那玩意兒離地只有三公分，如果她直接走下來，也不會有事，我覺得騎那個沒什麼風險。』她看著我說，『你是她爸爸，你怎麼會願意冒這個險呢？』」

對賴內克醫師來說，這句善意（就算夾帶批評）的評論是一個轉折點。他說：「我後背感到一股寒意，因為情況突然變得明朗了。外婆在北卡羅來納州長大，童年時剛好是大蕭條時期，家裡很貧苦，她的心態是『凡事做最壞的打算』，那一刻我意識到，她焦慮恐懼的心態遺傳給了我的妻子，現在又遺傳給了我們的女兒。我還記得我走進屋子，直接走到我太太面前說，『代代相傳的焦慮到此結束！』這好像是只有兒童心理學家才會做的聲明，我和妻子坐下來，把這件事談清楚，發誓要養出一個勇敢的孩子。」

賴內克醫師和他的妻子怎麼養出一個勇敢的孩子呢？

「通過樹立榜樣，增強勇氣、韌性和信心。」他說。除了讓葛瑞絲看了好幾回最勇敢女孩的電影——迪士尼的「花木蘭」，這對父母也鼓勵女兒做勇敢的事情，尋求挑戰，永遠不要放棄。她如果只是在家門的車道上騎滑板車，即使可能擦傷手腳，也不用戴護膝護腕。

## 他們會沒事的

你可能很想把孩子鎖在家裡，保護他們，不讓他們承受任何的風險。但如果把你的焦慮擺到一旁，放手讓孩子去跌跌撞撞，你可能會像賴內克醫師那樣遇上一個不可思議的時刻，這個時刻改變了人生，你的教養方向變得十分清晰：不要把自己的恐懼灌輸給孩子。對於一個被過度保護的孩子來說，最大的風險不是手肘瘀傷，而是他的社交發展、情緒發展以及學業成績。

在二〇一八年的一項研究中，明尼蘇達大學研究人員追蹤調查了來自不同背景的四百多個孩子，調查為時八年，分別在孩子兩歲、五歲和十歲的時候查看他們的情況。科學家從參與者的老師和自我報告中蒐集數據，也觀察孩子在實驗室與父母玩耍和互動。[42]「直升機父母」傾向於控制孩子的一舉一動，告訴他們玩什麼、怎麼做。[43]

在一篇由美國心理學會發表的文章中，該研究的首席研究員佩里（Nicole Perry）形容這些互動「過於嚴格和苛刻」，「孩子出現各種反應，有些人叛逆，有些人冷漠，還有一些人表現出挫敗感。」研究發現，到了五歲，被過度保護、過度控制的孩子表現出不良的情緒和行為調節。更重要的是，五歲時能夠控制衝動的孩子，較少出現情緒問題，社交技能更好，在十歲時課業成績更優秀。

佩里博士說：「有直升機父母的孩子，在成長過程中，可能無法應付具有挑戰的要求，特別是處於複雜的學校環境中。不能有效調節自己的情緒和行為的孩子，更有可能在課堂上表現出來，交朋友更不容易，無法適應學校生活。我們的研究結果強調一點：我們必須教育那些通常是善意的父母，去支持兒童自主處理情緒挑戰。」

鷹架支持的目標是把兒童培養成獨立堅韌又有自信的成年人，這個過程從允許兩歲幼兒自主選擇遊戲內容和方式開始，進入學齡時期後，兒童應該有機會自己解決情緒與社交問題，然後再由父母或老師介入調停。

你應該永遠問自己一個問題：我的孩子能夠自己做這些事嗎？

如果你不確定，就讓他試試，你會得到答案。

## 勇氣三部曲

勇氣，好比騎自行車的勇氣，是從何而來的呢？

**勇氣始於欲望：**孩子必須想要騎自行車，有了這樣的願望，那就去嘗試吧。如果沒有這個願望，逼迫他或她跨上去開始踩踏板，那就是一種乖乖聽話的練習，而不是勇氣。與其要求孩子，不如問問孩子為什麼不想那樣做，溫和的探究他可能害怕什麼。你可以示範，強化我們都必須靠近、掌握我們所害怕的事物的信念。

**其次是能力感：**這個孩子是否有能力騎自行車？他的腿夠不夠長，踩得到踏板嗎？如果她還不具備這種能力，你可以藉由教導給予鷹架支持。無論是閱讀、游泳、打網球還是彈鋼琴，幾乎每一項生活技能都需要有人告訴你如何去做。如果一個孩子跨上自行車後摔倒了，這不是個人的失敗，而是能力還不足。如果你能向孩子解釋兩者的不同，他們就更有可能再次騎上自行車，再度嘗試。

**最後是期望：**學習騎自行車是一段可以預測的過程，大概是這樣的：踩踏板、摔倒、爬起來、反覆練習。如果孩子抱著健康的期待進入這個過程，也就是預計自己會花一些時間和練習才能學會，那麼他不會害怕失敗或逃避做這件事。

沒有人應該被期望從一開始在任何事上就做到完美，你可以以身作則，進一步證明不完美也很好，讓孩子每天都看到展現勇氣的小動作。比方說，你可以主動跟新鄰居自我介紹，或是試做新的食譜，還是在電視上安裝亞馬遜電視棒。承擔責任，在孩子面前測試自己的能力，失敗但堅持下去。

人不應該期望生活輕鬆或應該要完美，我們見過很多父母認為孩子應該在五歲時成為自行車高手、每一科都滿分、會拉小提琴、在學校是最有人緣的孩子。

在不切實際的高期望和完美主義標準之下，當事情沒有按照你的期望發展時，孩子會感到痛苦，這種痛苦壓制了孩子嘗試新事物的欲望，阻礙孩子培養出新能力，也阻止了孩子開始嘗試的勇氣。

## 十五分鐘表現出一生的韌性

一九七〇年，奧地利出生的美國心理學家米歇爾（Walter Mischel）做了一個實驗，他從史丹佛大學附屬幼兒園找了幾十個三至五歲的孩子，讓他們逐一進入房間，在桌子前坐下，孩子前面的盤子放著小男孩或小女孩選擇的點心（一片椒鹽餅、一塊巧克力餅乾，或一顆棉花糖）。

研究人員告訴每個孩子：「你現在可以吃一份，如果等十五分鐘，你可以吃兩份。」[44]接著大人讓孩子和點心單獨留在房間裡，並告訴孩子，如果實在等不及了，要先按鈴叫大人來，然後才可以吃點心。

結果發現，能夠等待的孩子衝動控制能力更好。

而更驚人的發現來自於米歇爾博士一九八九年對原始實驗對象的後續追蹤。[45]將滿足延遲整整十五分鐘的孩子（如今已經是青年了），數年後在社會、學術和情緒方面都更成功，他們的SAT得分更高，使用藥物較少，有更快樂的社交生活，也更善於處理壓力和沮喪。

在二〇一三年的後續追蹤調查中，已經步入中年的「延遲滿足」的人，BMI指數低於那些按了鈴的實驗對象。[46]

這項研究就是後來知名的「棉花糖實驗」，也是米歇爾博士某一著作的書名，[47]在書中，他分享了從幾十年研究中學到有關自我控制的全部知識，以下是他給孩子和家長的控制衝動建議。

**分散注意力：**即使是很小的孩子，也可以看看四周，尋找可以集中注意力的東西，以分散自己對於欲望目標的注意力。米歇爾建議唱一首歌，玩玩自己的腳趾，甚至摳摳鼻孔。刻意轉移自己的注意力，使自己遠離棉花糖或象徵性的棉花糖，建立自我控制能力。

**「冷」思考：**米歇爾博士將「熱」思考定義為大腦邊緣系統的衝動副產品，「冷」思考來自前額葉皮質，那是大腦的執行功能部分，直到孩子二十五歲才會發育成熟。然而即使是小一、小二的學生，也能分辨「熱」思考和「冷」思考，並試圖調節他們的心理溫度。光只是等待幾分鐘，思考就能產生差異。在二〇一一年一項長達四十年的後續研究中，「我會等」組的大腦前額葉皮質成像顯示比「我不能等」組更活躍。[48]

**框起來：**如果孩子能把想要的東西變成想像以外的東西，他們就能減少對它的渴望。比方說，孩子在心中給食物加上一個框架，彷彿那是一幅畫，不是真正的食物，他們就可以等待更長時間才吃。

「我們女兒的童年就是一個長期的延遲滿足實驗，如果葛瑞絲問說，『我能吃一塊餅乾配牛奶嗎？』我們會回答，『可以，兩分鐘後。』」賴內克醫師說，「兩分鐘後，一切都沒問題。」讓「可以，幾分鐘後。」成為家中的魔力言語，對一個四歲的孩子來說，延遲滿足可以化為一生的力量和控制衝動能力。

㊄ **搭鷹架：**為兒童搭建力量的鷹架

**架構**

為孩子提供一個安全的身體和情緒空間，讓他們能夠自主，嘗試新事物、冒一點險、摔倒。父母學習離開現場，讓孩子自己做拼圖或穿衣服，再介入幫助。制定規則，將孩子的即時滿足推遲幾分鐘，教導他們自我控制。

**支持**

當孩子跌倒時，你要在那裡扶他站起來，稱讚他的努力，也要樹立一種健康的期望：任何值得做的事，都需要時間和練習才能做得好。

**鼓勵**

為了加強對衝動的控制，以期待未來更佳的學習效率和社交技能，在後退三大步的地方給孩子打氣，不要大聲發出指示和要求。

## 尷尬不會要了你的命

我兒子約書亞讀中學時，學校舉辦了盛大的感恩節慶祝活動，師生都可以上臺朗誦詩歌、彈吉他或跳芭蕾舞。對於全校師生員工來說，這是一個讓自己站在聚光燈下的好機會。約書亞性情文靜，當他告訴我們他決定和朋友亞當在慶祝會上表演時，你可以想像我有多驚訝。我記得我使勁咽了一下口水，想要說幾句鼓勵的話，但我心想，約書亞根本沒有表演細胞。

「那很好啊！你有什麼想法？」我問。

「我們要邊唱rap邊跳舞，靈感是麥可．喬登（Michael Jordan）之前表演克里斯克羅斯二人組（Kris Kross）的「跳躍」（Jump）。」

他就像在說：我要上臺做心臟手術！一定很精采！

我知道約書亞很喜歡麥可．喬登，他房間貼滿了這位籃球巨星的海報。此外，從兩歲起，他就很喜歡在公園裡看人跳霹靂舞，也會在我們家廚房的地板上用肩胛骨旋轉。但是，這不代表他能在全校師生面前表演一段rap歌舞。我都替他覺得害怕，我心想：他在臺上會很想死！我做了三十多年的治療師，很多個案告訴過我，童年在公眾面前的表演給他們帶來了創傷，幾十年後，他們仍然在承受著這種恐懼。

我忍不住說：「嗯，我不知道這樣好不好。」

我的妻子琳達瞟了我一眼，對約書亞說：「聽起來很棒！」

約書亞點了點頭：「一定很棒！我已經找過學校的舞蹈老師了，她正在幫我編舞。」

哦，老天。他真的要這麼做，太不符合他的性格了，太大膽了，所以……太危險了。

這可能是社交自殺。

大會前三天，約書亞告訴琳達和我，他的朋友亞當不跳了。

我絕對是鬆了一大口氣。「哦，好吧，你也不是故意不跳。」我說。

「不不，我打算自己一個人跳。」

琳達說：「你真棒。」

「生活中的每件事都有代價和好處……」我開始說。

「爸爸，不要擔心，一定會很順利的。」

那一整天，我都一副失魂落魄的樣子。我無法重新安排行程，所以不克到場觀賞，但

我承認我有點慶幸。

琳達在學校擔任美術老師，她站在禮堂後頭看了表演，看完立刻給我打電話。

我問：「怎麼樣？」

「很精采，觀眾反應非常熱烈，約書亞在舞臺上帥斃了。」

出乎意料的轉折，像是電影「大人物拿破崙」（*Napoleon Dynamite*）的現實生活版本！呼，我鬆了一口氣，非常開心，然後，我開始內疚了，為什麼我不相信我的兒子知道自己在做什麼？

快轉到約書亞的三十歲生日派對。

他的老朋友伊萊亞斯站起來對大家講話，他說：「每個人都知道我有多討厭在公共場合講話，但我真的很愛約書亞，願意為他做任何事。約書亞並不知道，但我第一次注意到他是在中學的時候，他在感恩節大會上唱跳饒舌歌舞，雖然是那個年紀，我也知道他冒了很大的險。然後燈滅了，聚光燈打在他身上，他反戴著棒球帽，穿著寬鬆的芝加哥公牛隊球衣，克羅斯現身了。約書亞開始在跳舞、跳躍、在地板上旋轉。不到一分鐘，所有人都站了起來，尖叫著『加油，約書亞！加油，約書亞！』長假結束後的那個星期一，我在走廊看到他低著頭，捧著一大堆的書，他又變回了平凡人，做他自己。這麼多年來，我常常跟我爸媽聊起他那次的表現，我說如果約書亞能做那件事，那麼我也能找到勇氣讓自己上臺。」

直到今日，我還是替約書亞慶幸他那次舞蹈表演很成功，但我也知道這並沒有改變他的性情。在電影「溫馨家族」（*Parenthood*）中，史提夫・馬丁（Steve Martin）飾演一位始終支持孩子的父親，每天都和肢體不協調的兒子玩接球遊戲。後來，在一場大型比賽上，這個笨手笨腳的孩子驚人的接住了一顆球，太棒了。馬丁樂得手足舞蹈，瑪麗．史汀柏格（Mary Steenburgen）飾演的妻子很直白，她說其實什麼都沒變，那孩子還是個古怪的孩子，接到一顆球不能解決他所有的問題。做父親的把球扔向兒子一千次，提高了球落入手套的機會，但他還是一個肢體笨拙的孩子。

約書亞那次的表演沒有改變他的個性，但由於他做到了，他啟發了朋友伊萊亞斯，可能也啟發了其他人。而且，他打開了一個無限可能的世界的門，後來他當過一段時間的職業DJ。回想過去，那次對喬登的致敬讓他的觀點起了真正的改變，他冒著尷尬的風險，而正是冒了風險，他長出了強健的精神和情感肌肉。

如果你的孩子有膽識和勇氣承擔巨大的風險，請不要做我做過的事。鼓勵他去爭取，因為你永遠不知道結果會怎樣。對，這可能是他二十年後治療的理由，又或者這可能是他人生的轉折點，還說不定激勵其他人也勇敢起來。

要當支持孩子去承擔尷尬風險的鷹架，你得身體力行樹立榜樣。當我們幫助孩子學習健康的情緒習慣時，第一步考慮的是我們在自己的生活中如何處理類似的情況。所以，身為一名醫師，我建議，在家庭卡拉OK之夜，你要展現勇氣，搶下麥克風，高歌「我永遠愛你」（I Will Always Love You）。

如果出了糗，不要放不下，「我真不敢相信我做了那件事！」試著像這樣一笑置之，或傳遞或說出這樣的訊息，「確實發生了那件事，哦，好吧，接受現實，繼續前進……」透過淡化錯誤來示範韌性。

樹立情緒控制的榜樣，在尷尬的情況下保持冷靜。當你演唱「我永遠愛你」時，旁人開始向舞臺扔番茄，你可閃開，但不要停止唱歌！

至於如何鼓勵孩子冒險？如果他們終究是出醜了，絕對不要輕貶他們，就算你的取笑很客氣，而且「很好笑」，孩子也會把羞恥感內化，不再願意冒尷尬的風險。

不要覺得他的感情過於敏感。你想淡化孩子的尷尬經歷，所以說「事情沒有你想的那麼糟」一類的話，這很自然。但是忽略孩子任何重大的、確實不安的情緒，那是在否定他，孩子會認為你不理解或不關心他們的痛苦。

但在這種情況下，也不要過度重提那件事。肯定他們的感受，然後繼續前進。過分關注尷尬的情況，不會讓事情變好，只會讓事情變得更糟。

試著轉念，把消極的經歷化為積極的體驗。

因此，如果孩子搞砸了鋼琴獨奏會，說一些話，讓他與不愉快的事保持距離，再給他幾句讚美，像是「我知道你為什麼難過，一開始不太順利，但你處理得很好，我很為你感到驕傲。一開始彈得沒有很好，但你沒有放棄，繼續努力，最後精采結束，這只有勇敢的人才做得到！」

最後，教大家一個健康的觀點。

在每個人生命中的某個時刻，都曾經在別人面前放屁。在童年時期，放一個屁會引來咯咯笑，甚至一陣狂笑。孩子可能認為大家永遠會記得他是「臭屁鬼」，感覺每個人都和他一樣在想這件事。其實，其他孩子隔天就忘了。你可以告訴孩子你自己羞愧難當的故事，讓他嘲笑你，幫助他建立一個健康的觀點。你要進一步印證一件事：你挺過來了，現在可以拿那件事來開玩笑。

不要試圖超越他的經歷，這不是「誰最丟臉」比賽，但要讓他知道你有同感，然後放下這個話題。

如果你很快處理這件事，孩子會意識到問題不如他所想的那麼嚴重，萬一類似事件再度發生，這種意識會幫助他。

就像遭到拒絕和失敗一樣，尷尬也是生活的一部分。你會希望孩子遠離所有困難的經歷，但讓他學習以健康的方式來面對困難會更有成效。

我們有一些個案非常害怕尷尬，因此產生了逃避的心態。逃避行為可能是對霸凌的反應，如果事實證明確實如此，父母和老師必須插手介入，制止霸凌行為。留意強烈的猶豫或逃避行為，這兩種行為都會影響身心發展。

| 是逃避嗎？ | | |
|---|---|---|
| 反常 | 危險訊號 | 正常 |
| ○你的孩子在課堂上從不舉手，即使他知道正確答案。<br>○失眠、不吃不喝，對尷尬時刻變得異常焦慮，拒絕再試一次。<br>○不肯回學校或見到某些人。假裝生病，為了不參加活動或徹底退出。如果你強迫他面對尷尬場面，他會非常不安。<br>○如果孩子連要參加低風險的活動都會手足無措，並糾結於別人對他的評價，那他可能有社交焦慮相關的逃避行為。 | ○孩子在課堂上不願舉手，但如果他被點名，他會回答，即使不確定是不是正確答案。<br>○尷尬過後，他似乎太過於焦躁不安，需要很多的鼓勵，才願意再次嘗試。<br>○他會找藉口避開那些場景和那些人，雖然他感到尷尬，但最終還是回到了學校。 | ○孩子在課堂上舉手回答問題，即使他不確定自己是對的。<br>○他的尷尬似乎符合當時情況，他很快就能克服，也很快願意再次嘗試。<br>○他不想回到尷尬的場景，但他鼓足勇氣，回到教室。 |

## 復原力

我們所說的力量大部分是韌性，也就是從逆境中恢復過來的能力。蝙蝠俠布魯斯・韋恩的管家阿福對他說過一句話，這句話說得很好：「少爺，我們為什麼會跌倒？這樣我們才能學會再站起來。」要做孩子的鷹架，讓孩子有勇氣再站起來，你要先加強自己的復原力。

每個人都會遇到挫折，但有良好復原力的人，會以一種能讓他們克服困難、繼續前進的方式看待逆境。一九八〇年代，威斯康辛大學心理學家艾布拉姆森（Lyn Abramson）和西北大學心理學家阿洛伊（Lauren Alloy）提出「歸因風格」（attribution style）理論，分析人如何看待自己遭遇壞事的原因。

根據她們的研究，將負面結果（比如考試不及格）歸因於**整體的**（global）負面因素（「我數學不好！」）的人，「下一次，不管和之前挫敗的情境是否相似，都會表現得退縮無助。」[49]換句話說，如果一個孩子認定為整體負面因素，他對所有的學業挑戰都會感到無助，只要快要考試，就會覺得快崩潰了。

根據研究，把負面結果歸因於**具體的**（specific）負面因素（「那次代數考試對我很難，但上星期我歷史考了A。」）的人，「除非遇到和之前的挫敗類似的情境，才會表現出無助。」或者，如果孩子對某次考試考差原因有具體的解釋，他對下一次的數學考試會有點沒把握，但在其他科目上不會陷入無助的陷阱。

除了**整體歸因**和**具體歸因**，研究人員也定義了另外兩個層面，它們可以提高或降低自尊，決定人在遭遇挫折後的復原力，這兩個層面分別是**內在歸因**與**外在歸因**、**固定歸因**與**變動歸因**。

自責就是一個壞結果的內部歸因，例如「我考試沒過，因為我是個白痴。」外部歸因是在自身之外尋找不及格的原因，好比「這個老師和我合不來。」

對壞結果給予固定歸因，如同在你的永久紀錄上給自己一個黑色記號，像是「我老把事情搞砸，我就只會把事情搞砸」。

變動歸因則是，負面結果只是一個偶然，比如「有時就是會遇上鳥事」。

綜上所述，當壞事發生時，做出整體、內在、固定的負面歸因的人，往往變得憂鬱、無助、絕望、自尊低落，在面對未來的挑戰時往往會放棄。為了讓孩子更有韌性，你可以幫助孩子做出具體、外部的變動歸因。

因此，有用的鼓勵可能像是這樣的：「好吧，你代數考了D，分數不理想，我們也不要掩飾這件事了。但如果在我或家教老師的幫助下，你再稍微努力一點，我相信你下次會表現得更好。記住，你不笨，你歷史可是得了A呢！」讓孩子相信他有能力成功，能夠恢復過來，那麼他就更有可能一次又一次的恢復。

## 你的勇氣未必是你孩子的勇氣

好，又回到這個話題上，這個話題幾乎在每一章都會出現，因為父母需要一次又一次的被提醒：你的孩子不是你。

小時候給你帶來自信的祕訣，未必能給你的孩子帶來自信。

「從小到大，只要我需要鼓舞時，我奶奶都會說，『擦點口紅，你心情會變好。』很老套，還有點性別歧視，但是很有道理，我化了妝，換上漂亮的衣服，感覺自己更有自信了。」來我們兒童心智研究所的一位媽媽波莉說，「我媽媽和奶奶在這方面和我一樣，我有很多和我媽媽一起逛街購物的快樂回憶，我們兩個人因為衣服變得更親密，我媽媽引導我利用時尚讓自己覺得有足夠力量面對世界。」

但波莉的女兒小喬不像她的母親、奶奶或曾祖母。

「當小喬發生了什麼事，從學校不高興的回到家，還是和朋友吵架了，我就拿出老掉牙的辦法，『擦點口紅……』」波莉說，「小喬完全不喜歡，她四年級的時候，我強迫過她，堅持給她化妝打扮，她幾乎無法忍受。一化完，她就去洗臉了。表面上是我不理解我女兒，但後面原來還有一個更大的真相。」

## 自拍和自尊

這段話應該沒有人聽到會覺得意外：每天自拍，用濾鏡和 Photoshop 修到完美，貼出來後，為了網友按讚或評論而煩惱，這對孩子的自信和自尊是有害的。

在二〇一八年加拿大的一項研究中，研究人員將一百一十名女大學生分成三組：第一組被要求拍照，上傳照片，但照片不做任何修改；第二組拍照，上傳經過修飾的自拍照；第三組，也就是對照組，不拍照，也不上傳任何自拍照。[50]

研究人員評估三組人在上傳自拍前後的情緒，以及對身體形象的看法。研究發現，與對照組相比，無論是否修圖，大學生都經歷了不良的心理影響，他們更焦慮、更沒自信，覺得自己外表吸引力下降了。

如果你確定孩子正在做一些有損她自尊的事，而且這種事就在你面前發生，每天發生幾十次，你難道不想做些什麼嗎？減少自拍和上傳的最佳方法是討論這項研究的結果，然後建議下次女兒想拿出手機做出嘟嘴表情時對自己說，「好的，先等兩分鐘。」然後再多等兩分鐘，以此類推。

引導孩子為自己搭鷹架，可以培養出孩子的自尊。

小喬來找我們，因為她出現了憂鬱症症狀，但我們的治療師很快就評估出，她的症狀與她對自己性別認同的困惑和恐懼有關。波莉無法完全理解女兒的問題，但她不需與這些問題有所共鳴，就可以用關懷、冷靜和耐心來支撐小喬度過難關。

我們有過一些有益的經驗，我們想給孩子相同的經驗，或者給他們一個我們經歷過的更好的經驗，這是很正常的。但並不是每個孩子都像他們的父母，孩子可能與父母有天壤之別，這個不同可能遠遠不僅於他們不像你喜歡露營，或者無法和你從事同樣的運動。

有的父母可能根本沒有意識到，他們透過潛移默化或公開督促孩子參與體育活動和課外活動，甚至把孩子變成和他們一樣的人，你可能心想：這條路對我有用，所以我要讓我的孩子走同一條路。

在某些例子下，父母替孩子選了一條艱難的道路，一條讓他們在童年時就很痛苦的道路，為的是「讓他們更堅強」。

我認識一個孩子，從十歲就被迫和父親一塊打獵，那是他們家族世世代代男性成員都要歷經的成年儀式。這個父親自己也承認，小時候很厭惡第一次打獵，之後連做了幾週的惡夢。然而，他堅持兒子重複這個經歷，而兒子也有了相仿的結果。

當父母談到希望孩子變得堅強，我會問他們：「嗯，那對你來說是一段不容易的經歷，你為什麼想讓孩子也經歷呢？這麼做的理由是什麼？」強迫孩子受苦的策略會讓你們的關係發展出不信任，並非讓孩子變堅強的最佳方法。

我們有些個案的祖父母生長在另一個時代，他們對治療和我們用來輔導父母的「心理學玩意兒」抱持懷疑態度，甚至害怕。布斯曼醫師說：「他們認為孩子應該在別人對他說話的時候才可以回話，不拿棍子教訓會寵壞孩子。如果你的父母質疑你的鷹架教養方式，建議你對父母說：『爸媽說得有道理，你們以前生活很辛苦，但是時代不一樣了。現在的科學研究很進步，我們對大腦的認識比那時更多，我們更明白人類大腦如何學習、如何成長；專家已經發現，孩子是經由學習識別障礙、想辦法克服困難來發展出勇氣，父母和祖父母在他們的道路上設下更多的障礙並沒有用。痛苦未必是成長的一部分，正向教養也可以達成目標。』」

如果這不管用，我只能告訴你，記住你的兩塊踏板：耐心和冷靜。

## 培養韌性

堅韌是一種持久的力量，不放棄，堅持下去。在生活中，堅韌比任何特質來得重要，包括聰明才智在內。

你可能很聰明，但如果你中途放棄，你依舊不會有任何成就。

藉由履行承諾，什麼承諾都好，孩子能夠學到堅韌。

有時你必須強迫他們堅韌，舉個常見的情節。孩子對某項活動表示興趣，興致勃勃的投入，過了一陣子卻覺得他不喜歡或不擅長，放任的父母會說，「哦，你不喜歡？好吧，那你可以不參加了。」

但讓孩子停止無法教會他們堅韌，如果你告訴孩子，「你沒有預期中那麼喜歡空手道，但你做出了承諾，就必須遵守。這一期課程上完時，如果你決定不想再練習，那麼我們就找其他活動。」孩子可能因為每週都要去上空手道課不太高興，尤其是他死黨的爸媽毫不介意讓孩子退出，現在你的孩子在那裡一個人都不認識了。

但無論他鼓起什麼勇氣，堅持上完八週的空手道課，這對他來說，都遠比你「打一個響指」，讓障礙神奇的消失更有益處。

我有個朋友把這種情況簡化為金錢和理智的問題。當她的孩子抱怨芭蕾舞或游泳課時，她就說：「學費我都繳了，所以你就是給我去，即使你痛恨上課的每一秒鐘！」這句話可能不大客氣，但你的孩子需要明白，他的選擇影響到的不只有他自己，他的個人喜好並非他出席的唯一因素。如果他加入球隊，他不能拋下隊友和教練，或者他在話劇中得到了一個小角色，他就必須堅持到底，否則會給其他演員帶來困擾。

堅持做一件事與不得不做一件事，兩者之間是有區別的。

「我兒子讀小三，他沒有特別喜歡團隊運動，加入足球隊卻沒辦法踢著玩玩就好。」布斯曼醫師說，「由於大家都進入了對外巡迴代表隊，平常聊的都是怎麼維持在這個或更高的等級，我們也覺得都拚到這一步，不能不繼續下去。」但是當兒子確定要放棄足球時，他會在知道自己認真誠懇的努力過了的心態下轉身離去，準備以同樣的心態嘗試其他的活動。

父母經常說，只要孩子盡力了，他們不會在乎孩子的成敗。但你必須從孩子的角度去想，盡了全力卻仍舊失敗，可能令人氣餒，充滿了挫折。

精通是建立自尊之道，擅長某件事確實會讓孩子更有自信，如果他有藝術天分，那就讓他去學學繪畫。一個孩子與眾不同，專注於他擅長與熱愛的事情，在這一領域跨出他的舒適區，這並沒有什麼錯。不過，一個提醒，如果孩子感受到必須出類拔萃的壓力（「我的小小畢卡索！」），會引起有害無益的痛苦。

鷹架支持像是一個保持平衡的動作，你應該鼓勵孩子堅持自己的承諾，即使他們不再感興趣，同時也要鼓勵他們持續追求喜歡和擅長的活動，保持彈性，以開放的心態嘗試新鮮事物，但是無論如何不要施加壓力。

這不容易。

不過，有一種做法才會真正搞砸，那就是為孩子做太多，或是認為一定要吃很多苦頭才能培養毅力。

## 圖　搭鷹架：為青少年搭建力量的鷹架

**架構**

教導孩子認識不同的歸因方式，他們就能學會在不順遂時如何建構對自己的看法。訂下嚴格的規則，規定青少年遵守自己的承諾，並找到從承諾中受益的方法。創造用正向經歷來培養毅力勇氣的教養風格，也就是以鷹架支持引導孩子克服障礙。

**支持**

給他們機會讓他們變得優秀，進而建立自尊。給他們機會慢慢開始培養韌性。不管他們做得好不好，都要肯定他們的感受，並不斷教導他們正確的觀點：不管社交媒體或他們的朋友說什麼，不是每件事都那麼重要。

**鼓勵**

當他們冒險時，即使你害怕他們會出洋相，也要為他們加油。青少年很容易被同儕及社交媒體的「按讚」和評論左右，鼓勵他們從內心尋求認可，因為藉由分享自拍（即使是非常好的自拍）獲得的外部認可，也會對自尊和身體形象有負面影響。你也要用自己的行動樹立敢於冒險和充滿活力的榜樣。

在女兒葛瑞絲的童年期間，賴內克醫師和妻子始終替她提供了大膽去做、接受挑戰和下定決心的鷹架。如今葛瑞絲長大了，變得堅強又有韌性。

「她的確是變勇敢了。」他說，「當我講授如何培養勇敢的孩子時，通常會講兩個故事。一個故事是葛瑞絲九歲還是十歲的時候，她在公園裡爬方格架，方格架有兩座塔，塔與塔之間是一座吊橋。她爬上一座塔的塔頂，然後走到吊橋上，一個男孩站在吊橋中間，自稱是另一座塔的塔主。不過葛瑞絲還是沿著吊橋繼續往前走，當男孩站起來擋住她時，她像花木蘭一樣，擺出了一個空手道的姿勢，好像準備踢他屁股一腳。我跑過去對那個男孩說，『你真的得讓她過去，不然她會給你苦頭吃。』」

那個男孩說：「好，叔叔。」然後讓開了。

賴內克醫師說：「我不是鼓勵女兒隨便攻擊別的小孩，她是在實踐她所學到的：怎麼做一個勇敢女孩。也就是我特別增援她的地方。我們的鷹架支架和鼓勵不是要她的恐懼統統消失，她有正常的焦慮，希望別人喜歡她、希望在學校表現優良。但她不會像以前那樣害怕了，如果我們不改變做法，她還是時時感到害怕。三年前，她絕不會走進遊戲場，爬上最高的塔樓，挑戰阻撓她實現願望的孩子，但經過多年的勇敢訓練，她做到了。」

另一個故事描述了葛瑞絲的勇氣。賴內克醫師說：「我和女兒去南卡羅來納州參觀黑水沼澤，當時氣溫高達攝氏三十二度多，到處都是蚊子，樹上垂著蕨類，沼澤的水黑漆漆，如果你把腳伸進去，讓水浸到腳踝，就看不到腳趾了。我問導遊，『這裡有鱷魚嗎？』他說，『哦，有鱷魚，還有水蝮蛇呢。』好可怕的地方，而我那以前老是焦慮的女兒那天卻玩得最開心，她划著獨木舟穿過沼澤，一點也不害怕，管它有鱷魚還是水蝮蛇。我拍下她滿面笑容坐在獨木舟上的照片，我常常帶那張照片去演講，問大家，『你們看，這像一個焦慮的孩子嗎？』」

一點也不像，完全不焦慮，而是大膽又健康。

## Ⓣ 釘牢那些踏板！

力量是練出來的，就像肌肉一樣，拿起你的鷹架踏板做舉重練習吧。

### 耐心

- 如果你希望孩子延遲滿足以發展強大的自我控制肌肉，你也必須要做出榜樣來。
- 讓孩子親手嘗試非常重要，知道自己能立刻介入解決問題卻得看著他們掙扎時，你必須要格外有耐心。

| | |
|---|---|
| 關懷 | 建立孩子的力量意味著允許他們放膽冒險，所以他們摔倒後，要用關懷來安慰他們，肯定他們的感受。 |
| 覺察 | 注意，不要把自己過去的經驗強加給孩子，那些對你有效的方法可能對你的孩子沒有用。 |
| 冷靜 | 不要對他們的尷尬或失敗反應過度，否則他們會認為這些事情很重要。 |
| 追蹤 | 當孩子變得更加自主時，密切關注他們的進展。他們也許能夠獨立完成A任務，卻不能完成難度相似的B任務。挑戰造就力量和韌性，沮喪和焦慮則是導致逃避，削弱決心。 |

# 設定切實可行的規則

# 09

## Set Realistic Limitations

父母圍繞在孩子周圍的鷹架不該阻礙孩子的成長，也不應該阻止孩子朝他要發展的方向發展。然而建築必須是安全的，也必須符合標準。如同建築工地的總承包商，父母必須從他們的鷹架上對孩子的發展進行品質控管，確保建築「符合規範」，父母必須指出什麼是不對的，強制糾正該方面的錯誤。

我的小兒子山姆讀八年級時，某次跟幾個朋友去參加聚會前，先在我們家辦一個小聚會，我和妻子事後才得知，有人喝得酩酊大醉，有人抽大麻，更有人喝酒又抽大麻。一位同學的父親打電話給我說：「我從另一位家長那裡聽說，你兒子和他的幾個朋友星期六晚上喝得爛醉。」

別的家長跟我說我兒子的不良行為！直到今日，我還是覺得很難受，我可是兒童心理醫師！其他家長向我尋求建議和指導，而我自己的兒子卻違反了明確規定。起初，我的反應和任何父母一樣，我說：「你一定是搞錯了，我的兒子絕不會做這種事。」

那個父親說：「你不知道打這通電話對我來說有多難，我之前撥了兩次都掛了。」不只因為他告知的這個消息讓我們兩人都很尷尬，也因為我兒子預定幾天後和他們一家去滑雪度假，他知道我們的計畫可能有變動了。我聽到這個消息，怎麼可能還會讓我兒子去呢？

真正讓我心煩的是，山姆的朋友到我們家玩的那個晚上，我也在家，一切似乎都像往常一樣。做出任何決定以前，我需要更多的資訊。那個父親給了我其他可以求證的父母的名字，但在我開始全面調查以前，我必須從山姆的口中聽到究竟發生了什麼。

但願我能說我保持冷靜，但事實是我氣炸了。山姆是我的小兒子，我們無話不談，溝通渠道暢通無阻。山姆清楚我和琳達對於吸食大麻的看法，也知道大麻對他的大腦會有什麼影響，我們甚至有個約定：不碰大麻。看樣子他違背了我們的約定，也許還不是第一次。我覺得自己很傻，竟然被騙了。

我打電話給琳達，把這件事告訴她，她也不願相信。我原先準備去參加一個替同事慶賀的重要活動，但琳達說，「別去那個聚會了，現在就回家，我不想獨自處理這個問題。」

我同意她，我在兒子的手機上留言，要他盡快回家見我，而他那群永遠在他左右的朋友一個都不要來。他可能知道自己有麻煩了。我回到家時，山姆還沒回來，我再次緊急要求他，「立刻回家！」

他回來了，他敲我們的房門時，我和妻子正在討論如何處理此事，我們叫他到客廳去等我們。

我想讓他流幾分鐘的冷汗，況且在我們談話之前，我也需要一點時間平靜下來。我和妻子到客廳時，他顯然坐立難安。

我說：「我們什麼都知道了。」

他說：「你是指哪一件事？」

「星期六晚上發生了什麼事？」

「我跟朋友去參加聚會。」

「你出門前做了什麼？」我問。他似乎在決定該不該撒謊。「你現在麻煩大了，我再給你一個脫身的機會，到底發生了什麼事？」

他說：「我們喝了伏特加。」

「大麻呢？」我問。

山姆搖了搖頭。「沒有大麻。」

「你從哪裡弄來的伏特加？」

「有個朋友帶來的。」他說。

琳達問：「你喝了多少？」

「三口。」

結果他說的「一口」是一只滿滿的果汁杯！我和妻子肯定露出備受打擊的表情，我們的兒子開始哭了，因為內疚、悔恨、尷尬和羞愧。

他的承認，他懊喪不已的模樣，都讓我震驚不已。「你失去了我對你的信任，我不知道後果會是什麼，但今晚就先到這裡吧。」我說。

我們走到各自的角落裡去獨處思考這件事。我自己也和兒子一樣，對我接下來要做的事情感到不安。當有父母說要懲罰他們家的孩子時，我常常聽見他們說一句話：「這對我的傷害比對孩子的傷害更大。」

孩子做了一些事，背叛了你的信任，你對他設下限制，這怎麼會是一件有趣的事呢？不過從來沒有人說過鷹架支持很輕鬆，要在一個家庭、一個社區和一個社會中生活，就得要有行為準則，身為父母，我們的工作之一就是教導、示範和加強這些規則。

而違反規則，就要面對後果。

## 「不要開始這樣！」

我們都會同意這一點：有時候，孩子實在很難應付。

在每一個屋簷下，在每一個家庭中，孩子都會有表現糟糕的時候，我們的治療師從父母那裡最常聽見的問題之一是：「他們是故意這樣做來激怒我嗎？因為我確實會被激怒！」

請不要認為孩子的搗亂是針對你個人，「小惡魔時刻」是他們糊塗的前額葉皮質的副產品，他們大腦的理性部分仍在建設中。孩子不是懂得使用邏輯的小主管，他們容易衝動，他們情緒化，以欲望和需求為導向。當你的孩子在超市的通道上跑來跑去，把馬芬蛋糕扔到他妹妹的頭上，或者在甩上臥室的門前尖叫「我恨你！」時，我前面那番話可能無法讓你感到安慰。

依據情況的不同，面對不守規矩的兒童和叛逆的青少年，你可能不得不讓他們嘗到負面的後果，我會用幾頁篇幅為你詳細解釋。

在鷹架教養下設定規則，不只是對違規行為做出適當反應，同時也是創造一個家庭環境並且追蹤你自己的行為，如此一來，你的孩子會很少越軌。

孩子有很多應當受罰的行為（讓你不得不扮演壞人），這些行為都可以透過親子間有效的溝通來避免。

**絕對清楚**：你到底對他們有什麼要求？你要盡可能的具體和明確，才不會有任何的混淆。這不是發布命令，你不是教官，但你是權威者，孩子在向你尋求指引。比如說：「該睡覺了，換上睡衣，選一本書，上床去，我五分鐘後就到。」對大一點的孩子說：「你可以去參加聚會，但請在十二點前回家，如果有任何原因你不能在那之前回家，你必須在十一點四十五分以前打電話或發簡訊告訴我們。」一字一句解釋清楚。

**讚美好的表現**：為了鼓勵和維持自發性的積極行為（其實就是乖一點），對孩子的具體行為要給予正向增強。

這個策略適用於那些必須管教二十幾個孩子的老師，父母來使用也會有效。[51] 訣竅是要具體說明你想稱讚的行為，比方說，「你分享你的玩具，很棒。」或者「你幫忙我洗碗，做得真好。」

將你的正向注意力一次集中在三個技能上就好，優先針對最具破壞性或最失控的行為，以便獲得最大的效益。至於那些小麻煩，等大煩惱平息後再去處理吧。

**用語言表達感受：**很多孩子發脾氣是因為他們其實想被罰去隔離反省，他們覺得自己需要一點冷靜時間，但不知道如何表達。如果大人教孩子「溝通交流訓練」，也就是使用他們的語言，或者對非常年幼的孩子來說，使用代表語言的卡片，他們就能表達出需要休息的意思，而不會做出不良行為。

**刻意忽略：**你也可以稱這種策略為「選擇戰場」。如果你感覺到你家的孩子（特別是青少年）正在故意發出噪音引起你的反應，不要理它。來我們所裡的一位母親，十二歲女兒在家裡罵髒話，常常罵，特別難聽的那種。她問治療師說應該怎麼處罰孩子，治療師的回答讓她吃驚：「不用，不要理她。」

如果母親因為女兒說髒話，破口大罵或懲罰她，她就會清楚的知道如何可以觸怒她的媽媽。在女兒下次罵髒話時，媽媽咬著嘴唇什麼也不說，最後罵髒話的音量漸漸小了。積極忽略的效果很好……直到有一天，女兒用了一個特別有煽動性的字眼，媽媽完全失去冷靜。從那一刻起，女兒只要想引起別人的注意，就會引爆那枚「四字母炸彈」，母親不得不加倍刻意的忽視。

## 「我這是第一次警告你。」

在進入現實世界之前，孩子需要知道，他們的行為，無論好壞，都會導致來自你、老師和其他給予幫助者的反應，否則當他們開始第一份工作，不得不向一個一秒鐘都不會接受他們的廢話的老闆報告時，他們會受到很大的衝擊。對你和孩子來說，教他們瞭解後果可能並不有趣，但這給他們在成年後的職場和社會生活中帶來巨大優勢。

有時候，孩子只需要嘗到一兩次後果，就能吸取這個關鍵的教訓。只是一次的隔離反省，就足以讓他們相信，他們再也不想經歷這種情況。

對於一些個案，兒童心智研究所心理學家李醫師會藉代理角色來教導後果。「我拿起一個孩子最喜歡的玩具，比如泰迪熊，然後對孩子說：『熊寶寶乖乖的玩遊戲，遵守指令，聽爸爸媽媽的話，所以他可以繼續玩。熊寶寶不聽指令時，他就得坐在椅子上。』然後我們把熊寶寶帶到隔離反省的房間，把它放在椅子上，並告訴孩子，熊寶寶幾分鐘後可以出來。」熊寶寶隔離反省後，李醫師在治療室測試個案的自我控制能力。李醫師描述說，她推來一臺電視，答應孩子讓他看最喜歡的節目，然後告訴他電視壞了。或者讓孩子的兄弟姐妹玩iPad，卻要求孩子寫數學作業。「儘管如此，孩子還是不會搗亂，因為他們間接學到這樣做不值得。」

然而並不是每個孩子都對熊寶寶的處境有共鳴。「我們有一些孩子需要反覆去坐那張椅子。」李醫師說，「這取決於孩子、他的學習歷程和父母。四歲以下的幼兒不需要重複太多次的後果，因為他們還沒有長時間習慣其他類型的行為模式。大一點的孩子，如果已經慣用其他行為一段時間了，後果練習就需要更堅持、更真實。」

在他們弄清楚如何避開後果之前，教他們瞭解後果，學「做什麼」比學「不做什麼」更容易，教導好行為也比矯正壞行為更容易。

## 「你冷靜一點！」

在教導孩子後果的同時，你必須同時訓練他們的應對技能，使他們遠離會帶來後果的行為。這些技能包括以下幾點。

**轉移注意力：**如果孩子能學會避開讓他煩躁的事，把注意力放在其他事上，他就不一定會突然搗亂。你可以跟他解釋這就像是「切換大腦的頻道」。

**轉念：**自我控制可以透過以不同的方式看待情況來發掘，如果孩子的兄弟姐妹正在用iPad玩「當個創世神」，他自己卻必須做數學作業，所以非常不高興，他可以教自己從新的角度來看待這件事，也許像是「我真幸運！我要趕快寫完作業，等一下就可以玩遊戲了」。

**深呼吸：**研究發現，正念練習，如腹部深呼吸和漸進式肌肉放鬆，對兒童和成人都有類似的鎮靜作用。[52]只要簡單的對孩子說「停下來吸口氣」，然後一起深呼吸，情況就可能有所緩解。

**表達：**孩子不聽話，是因為他們得不到想要的東西。說出挫折的感受，「我很難過，我不能得到我想要的。」這個簡單的動作能減輕挫折的衝擊，讓孩子重新控制住情緒。

**搭鷹架：**為兒童搭建規則的鷹架

**架構**

確保孩子知道家中規則和行為準則，知道什麼是可以接受的，什麼是不可接受的，然後把這些標準固定下來。從孩子很小的時候開始，就持續不斷運用隔離反省策略。

**支持**

教會孩子控制自己的情緒，比如正念、表達、轉移注意力。

### 鼓勵

> 用稱讚和獎勵來鼓勵良好的行為；若要阻止某種行為，可以不予理會，或者叫孩子去隔離反省。

## 「我這是最後一次警告你！」

我剛學會走路的孫子，如果得不到他想要的東西，會開始大叫和跺腳。有時，他整個人趴在地上，用頭去撞地板。我覺得很有趣的是，他的叔叔，也就是我最小的兒子山姆，也做過同樣的事情。當時我請教過山姆的兒科醫師，醫師說：「等到很痛的時候，他自己就會停下來。」

幼兒容易激動，幸好，他們還小，父母還控制得了他們的手腳。

青少年除了會開車以外，與幼兒沒什麼不同，這句話也不算是錯的。青少年被拒絕什麼事時，也容易激動，但他們還會裝死，而且你不再控制得了他們的手腳。

面對青少年，你最細膩的鷹架技巧可能無用武之處。

孩子從童年進入青春期時，你會注意到他們測試父母界限的方式起了變化，挑釁語言、破壞規則和頂嘴爭辯的次數也增加了。對你來說，沒有遵守門禁可能是青少年故意挑釁，但他們其實是在往任何可以擴展的空間擴展。青少年的大腦總是在尋找新鮮的、不一樣的事物，他們認為新奇的體驗可能考驗到周圍的人的耐心。弄清楚自己如何融入社會（包括家庭這個小社會），質疑一切，那是他們的發展過程，權威者自然成了目標。他們挑起的每一次爭論或破壞的每一條規則，都在測試他們能夠僥倖逃脫什麼懲罰，測試當他們挑戰你的時候會發生什麼，測試如果他們說了一些可惡的話，你是否還愛他們。

順便說一句，青少年也會試圖以其他方式操縱你，好比指責，好比大哭，但即使如此，他們也可能不是故意的。如果在成長過程中，他們瞭解到靠哭這一招在百分之十五的時間可以得到想要的東西，他們就會在百分之一百的時間賭這一把。

### 戰火升級的陷阱

想要引導孩子視你為盟友夥伴，要讓他們更可能接受你給予他們的訊息，即使他們暴跳如雷，你也要以友善和關懷給予鷹架支持。如果你用憤怒回應他們的不良行為，他們會把你視為對手，你們所有互動都會感覺像是快要開戰了。

俄勒岡州的心理學家派特森（Gerald R. Patterson）是「父母管理訓練」的先驅，他發現一種惡化模式，叫做「高壓脅迫循環」（coercive cycle）。親子之間的爭吵愈來愈激烈、愈來愈刻薄、愈來愈具侮辱意味，直到其中一人「獲勝」為止。但實際上，雙方都失去了冷靜、尊嚴和自我控制。

例如，一個孩子坐在賣場地板上，尖叫：「我超討厭你！」父母則大聲斥喝，要孩子起來或安靜，接著，父母和孩子都面紅耳赤、氣到冒煙，怨恨像熾熱的熔岩一樣在他們之間流動。這不是他們要的結果。

以其人之道還治其人之身，這一招會讓你給予孩子負向增強，立下失控的榜樣。不要落入高壓脅迫循環的陷阱，下次你覺得有發火的衝動時，記住，這麼做只會讓你們兩人的情況變得更糟。

父母的首要教養方針，應該是和孩子建立一種牢固的信任關係，要達到這個目的，當孩子似乎是有意刺激你時，千萬不要上鉤。當你生氣時，教養策略不起作用，只在你冷靜的時候才有用。學會冥想，或者還有一個更好的做法：你自己去隔離反省一下。你可以說「我需要休息一下」，把自己關在浴室裡十分鐘，以身作則，樹立情緒覺察的榜樣。

《巧克力冒險工廠》（*Charlie and the Chocolate Factory*）中的維露卡・梭特（Veruca Salt）只要大喊「我現在就要！」，便能如願以償，既然父親總是對她言聽計從，她又何必要改變自己的行為？

儘管青少年有挑戰父母規則的生理需要，但你可以用固定行動模式來培養兒童或青少年的行為，教導他們遵守規則。

一、用平靜的語氣引導。

二、用同樣的語調對不遵守規定的行為發出警告。

三、持續給予短期「低劑量」的懲罰。

四、執行懲罰時不要含糊其辭。

五、必要時重複前面四項。

如果你堅持這種模式，孩子將學會做他該做的事以避免後果。警告：在他的行為改善之前，你可能需要承受心理學上所謂的「消弱突現」（extinction burst），也就是情況在好轉以前會一度惡化。

在治療中，我們經常在彼此互相叫罵的家庭環境中看到這種現象，他們已經習慣讓憤怒「發揮作用」。但是如果你抵制這種根深柢固的關係動態，就能把你的家庭從（吵鬧敵對的）車轍中拖出來。

關鍵是不要在消弱突現時屈服。比如說，你因為青少年不聽話而沒收了他的手機，他卻對你大發脾氣，「你根本不在乎我有沒有朋友！我們正在群組中討論週末計畫，我需要上線！」等等。你可以說，「如果你整晚表現良好，就可以拿回手機。」用傾聽和妥協樹立同理心的榜樣。

如果你因為心軟，或者被孩子的抱怨搞得心力交瘁，最後讓了步，你就犯了「前後矛盾」的教養之罪，你會失去所有的可信度。相反的，冷靜溝通，後果是短期的，但效力會持續，只有這樣，孩子才會明白你是認真的。

### 在日常生活中搭建服從的鷹架

叫孩子來吃飯時，用平靜的語氣提出你的要求：「請到餐桌前來。」給第二次機會，一字不差重複你的指令。倘若孩子還是不聽，用同樣的平靜語氣說：「如果你不在三分鐘內到餐桌前來，明天你就不能使用iPhone。」如果這起不了作用，那就進一步說：「你沒到餐桌前來，你的手機現在就必須放到充電座上，二十四小時內不能再碰它。現在來吃飯吧。」你可以打賭他會在那個時候出現。

假如你一再要求，孩子還是沒有把他的碗放在水槽。你的本能反應可能是憤怒和沮喪，但是如果你失控的說：「我今天過得又漫長又辛苦，我只要求你做一件事，有那麼難嗎？」你這番話可能會激發心理學上所謂的「心理抗拒」，簡單來說就是「你不能告訴我該做什麼！」

反過來，用平靜的語氣重複「請把你的碗放在水槽裡」，直到他照做為止。

在他聽話之後，樹立感恩的榜樣，說：「謝謝，我真的很感謝你幫忙做家事。」

## 不必罰得太兇

在兒童心智研究所，我們不喜歡用懲罰這兩個字。懲罰聽起來苛刻，好像會讓人皮痛肉疼一樣，教養永遠不該是對孩子施加痛苦和折磨。

不過，由於X世代和千禧世代的父母是「嬰兒潮」和「沉默的一代」，他們從小到大被灌輸的觀念是，如果懲罰沒有造成羞恥、內疚、孤獨和飢餓，那麼孩子不會「記取教訓」。可惜的是，孩子得到的教訓是，「我的父母很殘忍。」

除非孩子哭泣或求饒，否則你可能懷疑懲罰是否有效或產生影響力。如果孩子不以為意，或者興高采烈接受懲罰，你可能會想，「這還不夠，我是否應該加重懲罰？再把她禁足一個週末呢？」

簡短的回答：「不用，後果不一定非要傷害到孩子才能起作用。」

你並不需要看到孩子表現出痛苦的樣子，才能確認自己有好好管教他。

記住，鷹架支持的目的是塑造他們的行為，而不是讓他們痛苦，如果你宣布了一個後果，比如說，他們得禁足一個週末，你就表明了你的觀點。為了得到回應而加大賭注，那就過頭了。

在傳達後果時，「要表現得很像機器人或生化人，如果你情緒化，你就是我們所說的『杞人憂天』。」李醫師說，「比如，當父母看到孩子不做家庭作業時，他們就會開始擔心，他這門課會不及格、上不了好大學，他的下半輩子還得靠我養。父母無謂的擔憂會增加當下的反應強度，即使當時並沒有必要反應過度。」

當一個青少年懈怠時，其實那只是發展過程中典型的測試行為，如果父母被自己的消極思考過程所困擾，對情況是沒有幫助的。

「杞人憂天是我們為自己設下的陷阱。」李醫師說，「我們希望專注於眼前事物，以冷靜的態度，思考並解決兒童或青少年的問題行為的最佳方法。」

我們敦促家長保持冷靜和平靜，如果在那一刻你做不到這一點，那就休息一下，直到你能重新獲得自我控制能力為止。

**尋求關注的孩子**

孩子違反規則可能是想要引起注意，這種行為可能會一直伴隨他們到成年。相信你能想到幾個人，到四十多歲還是熱中於這種策略。

孩子想得到的關注，要大、要明顯、要即時，他們並不在乎這個關注是正面還是負面的。而不管是小小孩還是青少年都知道，要獲得又大又明顯又即時的關注，最短的捷徑是使壞。

但對父母而言，與其把注意力放在尋求關注的孩子要表達什麼，不如檢視看看你自己是如何回應的。

你與孩子的距離是很近？還是很遠？

談話持續了一段時間，還是一下就結束？

你用了什麼語氣呢？

**大聲還是小聲？**

運用你的意識踏板，瞭解你是如何利用關注（即使是負面的關注）來強化負面行為。在尋求關注的遊戲中，比較大聲、比較親近、比較誇大、比較熱烈的那方是贏家，因此當他們做了正確的事時，提高你的稱讚強度，當他們做錯事時，降低音量。所以，如果你以第十級的強度對你的孩子大喊大叫，那麼你最好確保自己會以第十一級或第十二級的強度讚美他，他們由於負面行為所得到的關注，不應該比他們由於正面行為所得到的關注更響亮、更熱烈。

## 永遠禁足？

我朋友有個十五歲的女兒小嵐。小嵐等到父母睡著後，找出車鑰匙，自己溜出門兜風，結果才駛過三個路口，就撞上了消防栓。

她的父母三更半夜接到警察的電話，一路跑去車禍現場，發現女兒在警車後座上哭，他們家的車，前保險桿撞壞了，而消防栓正在噴水。

「簡直就像汽車保險廣告，」小嵐的媽媽氣急敗壞的說，「只是我們的保單上沒有女兒的名字。」罰款和修繕費用合計起來，女兒這次「駕駛越野車撒野事件」讓這對父母損失了數千美元。

他們怒不可遏。「她很可能撞死自己，也可能是撞死別人！」她的媽媽說，「我們取消了她的駕駛課，她別想考駕照，更別想有車了，她再也不准開車！」

儘管小嵐所做所為是錯的，危及了人身安全和財產，但她的父母發出的禁令相當於「永遠禁足」，這會是一個無效的策略。

李醫師說：「我們不建議把某樣東西奪走太久，以至於孩子忘記了那樣東西，或者使得增強物失去了效力。這位行為魯莽的司機可能有一陣子因為『終身禁駕』感到不安，但如果她知道反正永遠不能開車了，那麼她會依靠朋友幫忙和搭乘Uber，逐漸適應這件事，最後根本不再在乎拿不到駕照。增強物只有在孩子在乎的情況下才有用。

「小時候，我的哥哥弟弟有雙節棍，我們總是拿雙節棍打來打去。」李醫師說，「有一天，我爸媽受夠了，把雙節棍放到冰箱上，讓我們拿不到，還說我們再也不可以玩雙節棍。十年後，雙節棍還在上面。不過，沒收雙節棍看起來不是一個良好的教養技巧，我跟我哥哥弟弟是這麼想的：『好吧，既然雙節棍永遠沒了，我們去找別的東西來打吧。』如果我爸媽說，『雙節棍要放在冰箱上面三天，如果你們一起玩不吵架，就可以拿回來。』那麼我們可能就會乖乖遵從，但換了個方法，我們乾脆徹底忘記。」

後果的效力與後果持續時間長短無關，如果孩子覺得無法藉由良好的行為贏回物品或特權，那麼他們根本懶得調整自己的行為。

永遠禁足，或者把雙節棍永遠放在冰箱上，都只會讓孩子懶得去嘗試做得更好。

## 不要在家裡嘗試這樣做

**打你的孩子。**

比方說，你想對一個用雙節棍打了妹妹的孩子強化與示範非暴力行為，你是暫時沒收武器，還是自己抄起雙節棍打孩子？

我從不主張以任何理由對孩子施加痛苦。鷹架支持從頭到尾都不包括對孩子進行身體傷害或情感傷害，「打屁股」兩者都做到了。美國兒科學會的最新研究也得出同樣的結論。[53] 最近還有另一項研究發現，遭受體罰的兒童的大腦小於對照組，智商較低。[54]

二〇一八年十二月，兒童心智研究所的心理學家安德森醫師（David Anderson）告訴《華盛頓郵報》：「打屁股的負面影響，超過了行為停止後可能出現的短暫回報。你可以找到替代的懲罰方式，心理傷害較小，但仍然可以減少上述的行為，例如取消特權。如果你想教孩子和別人互動時有更好的技巧或更多的尊重，唯一的辦法，是陪著孩子面對這些情況，教導、促進和加強你希望他們練習的技能。」

## 追蹤潛在的原因

戈登愈來愈沮喪，因為他十一歲的兒子賈斯珀總是趕不上校車。

戈登說：「不管他起得多早，不管我怎麼喊他快一點，他都會錯過校車，最後我只好開車送他去上學。不過，不只是校車這件事，他吃飯遲到，參加活動也遲到。我增加了他的家務，因為他遲到的習慣拖累了其他人。他做了家事，沒有問題，也沒有推託。但這沒用，第二天早上，我們又是同樣的情節。」

我請戈登回去做實況調查，請他不要在樓梯下衝著賈斯珀大喊「快點！」，而是去監督兒子準備上學的情形，才能更加明白拖延的問題出在哪裡。

戈登說：「我看到的情景幾乎讓我心碎了，賈斯珀不是在房間閒蕩，他在門和床之間踱來踱去，走了一遍又一遍。我問他在做什麼，他說，『我忘記我數到幾，現在我得重數了。』

然後他又開始踱步，數著自己的腳步，腳步必須是偶數，繞圈也必須是偶數的，他才能放心離開房間。」

賈斯珀並不是故意錯過校車的。他患有強迫症（obsessive compulsive disorder, OCD），這是一種源自於大腦的疾病，患者會出現不必要的緊張想法和恐懼感，只能透過強迫性的儀式來紓解。

賈斯珀告訴他的臨床醫師，有一個想法困擾著他，那就是如果他早上出門前不在房間裡踱步三十趟、每趟走六步，那麼校車會被撞毀，或者他的父母在開車上班的路上會遇上事故。由於困惑和尷尬，他從不解釋自己在做什麼。他說：「我是為了爸爸媽媽，為了保護他們不受傷害，我覺得我必須這樣做，但如果我告訴爸爸，他就會在我完成之前把我拖出房間，然後壞事就會發生了。」

我們與賈斯珀以及他的父母合作，以藥物治療搭配認知行為治療，來治療他的強迫症。幾個月後，他就能夠停止踱步，順利趕上校車。

如果戈登沒有改變自己的慣例，沒有確認兒子老是遲到的原因，他仍然會讓孩子為不良行為承擔後果，而賈斯珀仍然會在無聲的羞愧中煎熬。

當後果不能對行為產生影響時，身為臨床醫師的我們，會仔細觀察究竟發生了什麼事，其中可能有比你意識到的更嚴重的問題。

## 是強迫症嗎？

### 正常

- ○你的孩子對某個東西或某件事感到恐懼，與你討論後恐懼可以平息。
- ○他會重複某些行為或任務，比如一遍又一遍重搭相同的積木架構，但最終掌握了它，然後換一個新遊戲。
- ○他會提出問題，接著提出後續的問題，一旦對答案感到滿意，注意力就會轉向新的話題或活動。
- ○他不害怕細菌，如廁後和飯前需要被提醒去洗手。

### 危險訊號

- ○你的孩子對細菌、疾病、事故、壞事的發生有誇張的焦慮感，每週會向你表達幾次他的恐懼。
- ○喜歡自己房間裡的東西「就是這樣」，如果他認為有人動了他的東西，就會非常不安。
- ○表現出迷信的跡象，堅持只能走在街道的某一側，或是只能按正確的順序做事。但如果必須完成某件事或得到父母的監督，他能夠改變習慣，不會感到痛苦。

### 反常

- ○你的孩子對細菌和汙染，或是自己的東西被弄亂，有誇張和不切實際的恐懼和念頭。
- ○他不得不進行一些儀式，比如洗手、數數、觸摸東西、囤積和清潔，這些儀式會暫時給他一種「剛剛好」的感覺。
- ○他有「神奇的想法」，認為如果他做了什麼事，比如抓傷自己的胳膊，就可以阻止壞事的發生。
- ○有任何焦慮，他都向成年人尋求安慰。
- ○他反覆提出問題。
- ○他不能正常生活，因為他的儀式分散了他在課堂上的注意力，也影響了社交。

## 大錯重罰，小錯輕罰

所有的注意力都是強化而來的，為了強化好的行為，當孩子表現出不好的行為時，要剝奪他們最想要的東西（關注）。

運用隔離反省策略不只適當而有效，也得到美國兒科學會與美國兒童和青少年精神病學會的背書，[55]面對過動症兒童和強迫症兒童也一樣管用。[56]

有的家長（和專家）不大肯定把孩子從群體中分離開來的做法，認為即使只是隔離一兩分鐘，也可能引起焦慮或憂鬱。事實上，根據一項針對一千四百個家庭中三至十二歲兒童的縱向研究，用隔離反省策略來強化正向行為並沒有什麼壞處。[57]

提供一些撇步：在把他送上專屬隔離椅之前，給他的行為貼上標籤，例如，「你打了朋友，就得要去隔離反省」；選擇一個沒有玩具、電視、電話和電腦的固定地點；每多一歲多隔離一分鐘（五歲孩子隔離五分鐘）；整個過程不要理會他；結束後，稱讚他的良好行為，例如，「你好好跟別人一起玩，很棒！」

讓一個青少年坐在椅子上強化和塑造他的行為，這已經不切實際，也不適合他們的年齡。在我那個年代，你可以叫一個青少年回他的房間，強迫他安靜反省自己的行為，但是現在青少年會說，「太好了，反正我也準備回房間去。」

面對青少年，可以用他們最喜歡的物品代替他們隔離反省，隔離他們的 iPad、手機或汽機車，他們實際改進並達到目標行為才可贏回。如果青少年超過門禁時間才回家，為了拿回手機，他必須連續三或四天準時回家，證明他有能力當一個可靠的人。如果他再次錯過門禁時間，就重複這種後果，後果要有連貫性和可預測性。你可能覺得自己陷於重複之中：每四天他就違反門禁一次，於是你沒收手機。但是不要放棄，最終青少年會意識到，遵守規定反而比較容易。

在我成長的年代，父母處罰孩子時會宣布，「一個星期不准吃甜點！」這是「隔離蛋糕」的做法，也有父母會讓孩子空著肚子睡覺。

把剝奪孩子的食物當成懲罰，這個做法不當，觀念也完全錯誤。喏，我們又不是在演《孤雛淚》。沒有孩子應該學到把父母的不贊同與飢餓連結起來，這可能給孩子造成終身的飲食問題，有時是嚴重的飲食失調。我發現，如果父母對孩子做過這種懲罰，就很難放棄這種形式的懲罰，身為鷹架父母，你走的是一條更仁慈的路，一條有誇獎也有甜點的路，你不會因為讓孩子（適度）吃蛋糕而成了失敗的父母，即使他們的確是做錯了事。

麗塔發現女兒艾琳偷拿她的錢。如果麗塔的手機留在流理臺上沒有上鎖，艾琳馬上就使用 Venmo 行動支付服務轉二十美元給自己。麗塔很少使用那個服務，所以毫不知情……

直到收到一封電子郵件寄來該月的交易紀錄，她才意識到發生了什麼。

可以的話，先討論「罪行」，再來確定適當的後果，本例的罪是盜竊。我建議艾琳的父母與她坐下來，提出一些問題，但不是審問。

「你為什麼要偷東西？」

「你把錢花在什麼地方了？」

「你覺得自己這麼做應該嗎？」

「你知道偷東西是不對的嗎？」

麗塔說：「起初她否認，但我給她看了我帳戶上五筆二十美元的交易紀錄，除了她，還有誰會這麼做？『Venmo小精靈』嗎？給她看了證據後，她完全閉上了嘴，只是盯著牆，我們現在要懲罰她偷竊以及撒謊嗎？」

第一件事，就是把艾琳的手機，也就是她犯錯的工具，送去隔離。她的父母也刪除了她的Venmo帳戶。

既然艾琳不願意討論這件事，我建議父母給她一個機會好好思考她所做的事，延後撒謊的後果。

延後的做法也給麗塔夫婦一個機會，避免出於衝動而做太多或做太少，最後也能夠達成一致的決定。

由於艾琳試圖不勞而獲，目標行為是教會她：要得到想要的東西，你就必須努力爭取。「我給她橡膠手套、水桶和拖把，讓她去打掃地下室。」麗塔說，「我覺得自己有點像《灰姑娘》裡的壞心後母，但是話說回來，灰姑娘並沒有偷東西啊。」至於撒謊那件事，雖然這是錯的，但懲罰她自保的企圖似乎是矯枉過正了。

不用說，不良行為有等級之分，沒人會認為，把牛奶留在流理臺上，與趁你出遠門時在家「開趴」，屬於同一等級，你需要做出適當的回應，或者根據情況完全不回應，把最嚴重的後果留給重大的過錯。

如果孩子汙衊別人，讓他收回他說的話，並把真相告訴可能受到傷害的人。在網路上撒謊，應該罰他短期禁止使用社交媒體。

如果孩子作弊，首先要弄清楚作弊原因，是因為孩子不懂考試內容，覺得只有作弊才能通過考試嗎？然後他需要請一個家教，以及承擔一個後果。

如果孩子違反門禁、喝酒、吸毒，那麼一個週末禁止與朋友聯絡，限制他的自由，如果再犯，那就兩個週末。

如果孩子努力用功準備考試，但成績不及格，應該有什麼後果？限制娛樂時間，用複習時間取代電視、遊戲和朋友嗎？不，你要經由獎勵好行為、糾正壞行為來提供鷹架，獎勵用功的努力，所有的成功都來自努力，把努力和成功連結起來，最終會導致更好的表現。

結果（不理想的成績）真的不重要，要對用功但考壞的孩子提供鷹架，可以拜託老師多注意一些、聘請家教，或接受一些教育測驗。

## 平靜而堅定的執行家規

在執行後果時，鷹架父母要永遠扮演白臉的角色，和藹的給孩子們倒飲料，輕聲細語。如果孩子不接受後果，你可能想扮演黑臉，但這只會讓情況惡化。

「我們沒收了兒子的手機，因為他沒有準備考試，整晚都在玩手機。」在我們診所工作的一位父親說，「我們說，如果他下次用功，就可以還他。他哭著答應了。我們把他的手機放在廚房抽屜裡，我非常相信他會遵守這個計畫。第二天晚上，他就像他承諾的那樣，為考試複習功課。出於好奇，我拉開廚房的抽屜看看他的手機還在不在，還在，但我拿起手機，手機熱熱的，我叫我兒子解鎖，查看了手機的使用紀錄，發現他整天都在開機關機。」

如果青少年在該關機時偷偷使用手機或電腦，你可以循序漸進拉長禁用時間，你也可以使用app追蹤孩子的手機使用情況和活動。如果孩子不在他應該在的地方，你可以延長他的禁足時間，或者取消他額外的特權。當你面對他時，記得保持機器人般的平靜表情和語氣。執法無關情緒或個人，這只是你為了維護既定的家規而必須做的事情。

㊄ **搭鷹架：**為青少年搭建後果的鷹架

| **架構** | **支持** | **鼓勵** |
| --- | --- | --- |
| 建立家規；你對他們的行為會有什麼反應，也要建立起固定的模式，後果不應出乎意料，他們應該知道第一次、第二次或第三次違反規則會有什麼後果。 | 懲罰與過錯要相稱，才能支持他們學習好的技能。不要將違規與能促進成長的正常發展測試行為混為一談。 | 扮演白臉來鼓勵服從，保持平靜的、機器人般的語氣，避免落入「誰喊得最大聲／最久，誰就贏」的高壓脅迫循環，就算孩子竭力想讓你讓步，還是要堅持你的規則。 |

我們兒子山姆偷偷帶了伏特加進家門，在參加派對前和一群朋友偷喝。當我和妻子詢問他這件事時，我用盡了一切意志力，才能抑制強烈的怒氣。我的本能是想大喊：「永遠禁

足！」但那會成為衝動的示範，而讓他陷入此刻困境的就是衝動。

我們三人同意先想一想，第二天再來決定後果。之後，我偕同妻子去朋友的派對上露個臉，但我們沒什麼心情慶賀。我們知道，我們很快必須做出一些艱難的決定，還得跟在我們家喝酒的另外兩個男孩的父母進行尷尬的對話。

順便說一句，其中一個母親對我說：「他們又犯了？」她沒有表現出相同的體貼，將她所知道的前科告訴我，她的態度激怒了我，「這有什麼大不了的，哈羅德？」她還這麼說，「他們就只是孩子，還是孩子而已。」

正是如此，所以他們需要成年人！

這是一個不容易的決定，但我和琳達還是允許山姆參加計畫中的滑雪之旅，旅費付清了，如果他不去，我們朋友的家人會失望，我們也同樣會很難受。但他回來後，在接下來的一個月裡，他放學後或週末不能和他那夥朋友出去玩。對於一個喜歡社交、喜歡當孩子王的孩子來說，這是一個嚴厲的後果。但他並沒有被關在房間，週末時，我和琳達會帶他出去吃飯看電影。當然，一個十四歲的孩子可能不覺得週六晚上和父母在一起有什麼樂趣，但這就是重點，懲罰不一定是痛苦的，但它必須讓人覺得是一種犧牲，才能產生影響。

這個後果確實產生了影響，我想山姆再也沒有偷偷帶酒回家過。如果他帶了，我們發現了，也會以同樣方式處理。事實上，山姆堅持不抽大麻，他的朋友也支持他，因此不會有人找他做這種事。

結局是，我們教了他寶貴的一課，他也學到了。這一課不是不喝伏特加，而是他不遵守規則就要付出代價。代價並不可怕，付出這個代價沒有對他造成什麼傷害，但他知道自己的行為會產生某些後果，且總是如此。

## Ⓣ 釘牢那些踏板！

當一個紀律嚴明的父母，未必得壓垮你的靈魂，只要你輕輕但堅定的踩在踏板上。

| | |
|---|---|
| 耐心 | 當孩子一次又一次違反同樣的規定，而你堅持固定的模式時，這將考驗你的耐心。但是堅持下去，如果你保持冷靜，你就能讓他們投降。 |
| 關懷 | 記得當個白臉，和善的問：「要來杯可樂嗎？你舒服嗎？很好，我知道這很不容易，但我們還是談談昨晚發生的事吧。」目的是教孩子遵守規則，如果你和藹又慈愛，你就能讓他們跟你站在同一邊。 |

| 覺察 | 冷靜 | 追蹤 |
| --- | --- | --- |
| • 在執行後果時，一定要檢查自己的語氣、音量和姿勢。<br>• 要清楚你的懲罰方式是否來自你自己的童年，要配合鷹架支持技巧，做出更親切、更富有同理心的改變。 | 當你設定和執行後果時，盡量表現得像個機器人。 | 不要假設孩子會乖乖順從，通過追蹤他們的手機使用情況、實際位置和做家事情形，確保他們確實遵守。 |

# 無條件的支持

# 10

## Support Unconditionally

你孩子的建築可能不合你的審美觀。你更喜歡宏偉的聯邦式建築，或者務實的殖民地式建築，但是，你的孩子正在成長為一幢豪華的公寓大廈。

你的個人喜好不重要，重要的是孩子的建築穩定而堅固，而你的鷹架就在旁邊提供架構，接住落下的碎片。如果你試圖把他的公寓大廈改成異想天開的維多利亞式建築（你就是喜歡塔樓和天窗！），或者自欺欺人，相信有一天它會奇蹟般變成你的夢想之屋，那麼你的鷹架不適合這個建築，也提供不了必要的支持。即使它在你眼裡看來很奇怪，也要接受他的建築結構，等待整棟樓落成後，住在裡面的是他，不是你。

芭芭拉第一次帶著九歲女兒莉亞到兒童心智研究所時，是因為莉亞的四年級老師建議她這樣做。芭芭拉說：「他們為了我的女兒開會，然後把我叫去，告訴我他們達成一致的決定，我感覺像是中了一槍。帶頭的是數學老師，他代表那群人發言，我一直不喜歡這個人，他好像從一開始就對莉亞有敵意。他告訴我，學校找了學習和行為專家，在課堂上觀察我的女兒，竟然沒有事先告訴我，氣死我了，這合法嗎？他們有什麼權利讓人監視我女兒？」

我得鄭重聲明，通知芭芭拉她的孩子將接受觀察，這當然是較妥善的做法，但許多學校會直接找專家來，或者教職員之中就有相關專家，這是盡職，不是監視，目的是對可能有學習或行為問題的學生盡早介入預防。家長和教育工作者愈早干預，孩子透過專業學習克服障礙的可能性就愈大。然而，我也理解有人監看你的孩子以發掘問題的那種感受，有人覺得受到冒犯，好像被人從背後監視。芭芭拉的第一直覺是要保護和捍衛她的女兒。

「專家怎麼說？」我問。

「他們認為莉亞很焦慮，有注意力障礙和強迫症，笑死人了！」她憤慨的回答。

「為什麼他們認為她有強迫症？」

芭芭拉揮著手，好像這沒什麼。「她有一個討人厭的習慣，她會扯自己的睫毛。就是扯一下，沒什麼好擔心的。」

「她會把睫毛扯下來嗎？」

芭芭拉搖了搖頭，卻說：「會，但是睫毛會再長出來啊。」聽起來莉亞可能有拔毛症（trichotillomania），又叫「拔頭髮病」，這是強迫症的一種，一百個美國人之中大約會有一個患者，[58]經常與焦慮症同時發生。患者有一種強迫性的衝動，想拔掉頭上或身體上的毛髮。這種病症可以經由認知行為療法或藥物治療控制，或者兩種療法並行。不過它非常頑強，需要干預，認為莉亞有一天會自己停止拔睫毛是不切實際的想法。

但是，芭芭拉似乎不願接受女兒有任何心理健康問題，遑論願意接受治療了。我說服她把莉亞帶過來做評估，然後再討論我們的發現。小女孩來了，我立即注意到她的眼皮上幾乎沒有睫毛，眉毛有些稀疏。她很文靜，也很焦慮。在兩個小時的評估過程中，她的思緒飄忽不定，我們不得不溫和的把她的注意力拉回到眼前的任務上。

我同意莉亞學校專家的意見，莉亞有過動症、焦慮症和強迫症，並把我的診斷告訴了芭芭拉。我解釋說，莉亞有這些問題，但如果我們盡快開始治療，她可以擁有正常快樂的生活，還有豐盈的睫毛。

芭芭拉看著我，好像我失去了理智。她說：「你不能診斷我的女兒有那些病症！」

「我不能？」

「要是有一天她想當總統呢？」

「我想我們這是在提早做準備。」我說。

芭芭拉帶著莉亞離開了研究所，我不知道是否會再見到她們。

這個故事有兩個重點，第一是關於父母的期望，第二是關於精神疾病的汙名。芭芭拉得克服這兩個障礙，才能夠無條件支持她的女兒。

## 孩子有自己的旅程

我們大多數人不信自己的孩子長大後真的會當總統，但我們確實懷著夢想。如果孩子的缺陷（以及優勢）不符合你的設想，你會覺得難以接受。在情境喜劇中，父母與孩子爭吵後，會和好擁抱，對彼此說，「我愛你。」你的孩子不會這麼做，你可能因此感到失落。也可能你期盼孩子是體育健將，結果他四肢不發達。你以為孩子輕輕鬆鬆就能考到前三名，沒想到他有讀寫障礙。你是社交好手，但女兒不是。也許你只是希望孩子可以更聽話。無論如何，你的期望可能與現實發生衝突。

許多父母對孩子的先天限制視而不見，芭芭拉對於這些只想幫助她女兒的專業人士的憤怒，就是一例。我還想到我認識的一位爸爸，他的兒子從小理科就差，他卻勉強兒子去讀工程研究所，讀了一個學期，兒子就因為成績不及格被退學了。這個父親抱著不切實際的期望，使得孩子注定失敗，也讓他自信心低落，而父子關係永遠存在著緊張和壓力。

我們常常給父母一個非常重要的建議：你不能決定你的孩子是誰。

這個建議對許多人來說難以理解，你的孩子是他自己，他有自己的路要走，有自己的旅程要完成，或許不符合你的期盼，但你決定他的旅程反而顯示了你缺乏同理心。

鷹架教養意味著，無論孩子現實上情況如何，你都要提供他們支持和鼓勵。也許在你成長的年代，父母獨裁專制，即使親切和藹，但他們的話就是法律。如果爸爸說你長大後要當醫師，即使你一見到血就會暈倒，你還是得申請醫學院。但研究顯示，當孩子參與決定自己的未來時，他們會做出更好的決定，取得更好的成就。[59] 父母如果給予孩子自由，讓他們做錯誤的決定、後悔自己的決定，這其實是在幫助他們學會做出更聰明的決定。停止專制，讓孩子做他自己，讓他自己做決定。

對孩子來說，童年是一個相信「沒有不可能的事」的時期。一個愛唱歌的小女孩，即使唱不到高音C，也應該被允許夢想有朝一日站上卡內基音樂廳舞臺。當孩子長大，進入現實世界，他們會自己思考，調整他們的夢想。在父母的支持下，孩子會更容易從「我要當電影明星！」過渡到一個又快樂又滿足的現實。

賴內克醫師說：「有一次，我到伊利諾州，對一個富裕社區的兩百名家長演講，我說，『我們希望教導孩子，就算沒有讀常春藤大學，你的人生也可以幸福和成功。』屋裡一半的人站起來鼓掌，一半的人感到驚恐，驚恐的那一半人說，『我是哈佛畢業的，我兒子也要讀哈佛。』我問，『為什麼？』」孩子為什麼必須追隨父母的腳步呢？他們不用，也不該，每個孩子都應找到自己的道路，找到自己的強項和能力所在，找到吸引他、讓他興奮的事，而這可能不同於父母的期望。

### 在家裡嘗試這麼做

**讓孩子做決定。**讓孩子做出適合他們年齡的決定，以鼓勵他們的執行能力。明確表明你仍然有否決權。和往常一樣，樹立果斷的榜樣，用稱讚的方式增強孩子的決策能力。

**幼兒：**提供有限的選項來介紹決策的概念。蔬菜得吃，這沒有討論的空間，但他們可以自己決定是把胡蘿蔔切成長條狀還是圓片形。他們必須根據天氣穿上合適的衣服，但可以讓幼兒從兩條褲子中選一條。

**兒童：**擴大選項的數量，從二選一變成三選一，再擴大到五選一。告訴他們，一旦做了決定（不管是餅乾、糖果或水果），就不能改變心意了。他們下次可以做不同的選擇，但必須等到下一次的機會。並且在他們快速決定之前，讓他們停頓一下：「仔細想想哦。」

**前青春期：**給他們做更大的選擇，比如活動和特權，提高選擇的風險。此外，如果選擇空手道而不是芭蕾，他們就必須堅持把一期的課程上完。允許他們做出一些糟糕的決定，在檢討和學習過程中給予鷹架支持，他們未來會做出更明智的決定。

**青少年：**讓他們深入明白決定和後果之間的關聯，以及他們的選擇會影響其他人。例如，如果他們酒後駕車，這個決定影響到路上的所有人。當他們決定不理會門禁時，會影響到家中疲憊又焦心的父母。如果你教青少年要考慮周全，相信他們大多數時候會做出正確的決定。

執著於期望可能破壞親子關係，嚴重損害到孩子應對能力和獨立生活能力。

賴內克醫師說：「我曾經輔導過一個讀大學時遇到困難的年輕人，他不得已休學回家，結果他的爸媽因為兒子大學讀不下去覺得非常丟人，不許他在白天獨自出門，怕鄰居看到會知道他已經輟學了。如果全家出門，他們會把車開到車道，還要他戴上帽子和太陽眼鏡。」

我們送孩子上大學，是為了讓他們接受教育，學習獨立生活。諷刺的是，這對父母因為覺得太丟人了，以致於孤立了兒子，使他無法成為一個獨立的人。他都十九歲了，還不能出門去三明治店為自己買午餐。「我問他，『你想待在家嗎？』他說，『我才不想！』」賴內克醫師說。

這對父母和這位大學輟學生之間的緊張關係，源自過高的期望。除了父母的期望，也包括了兒子自己的期望。

「他告訴我，他覺得自己非得拿到諾貝爾文學獎不可，如果拿不到，他會認為自己很失敗。」賴內克醫師說，「我告訴他：『你才十幾歲！大多數諾貝爾獎得主已經過了六十歲。』」極端的完美主義心態是他在大學偏離軌道的原因，不管這心態來自他的父母，還是來自他自己的內心，這都不重要，問題存在，問題必須解決。

「我們討論到他應該對自己有合理的期望，要他想想自己已經完成的成就，他其實表現得不錯，但他非常不善於稱讚自己。」賴內克醫師說，「如果他學不會讚美自己，就會被關在他父母的房子裡很久、很久。」

最終，這個年輕人去了另一所大學，重新來過，結果他在那裡讀得很不錯。學校離家很遠，以他的情況來說，這一點很好。他成功的關鍵是，放下沒能達到不切實際期望的羞恥感，腳踏實地的過日子。

為什麼父母會期盼或希望孩子走他們所走過的路呢？因為他們一生中時時刻刻都很快樂充實，所以希望孩子也能如此嗎？我還沒有見過有人能提出這種說法。

在心理上，人們傾向於在熟悉的事物中尋求安慰，即使實際上這個熟悉的事物並不能給人安慰。

讓孩子和父母上同樣的學校、去同樣的夏令營、有同樣的興趣、從事同樣的運動，給父母一種延續的感覺，安全又舒適。如果孩子成功了，這就肯定了他們過去的經驗。當我聽到為人父母者在孩子進球或得獎後說：「那是我兒子！」或「他跟我是同一個模子刻出來的！」我心裡感受到的是恐懼，他們可能是在吹噓：「我的基因很優秀！」

如果結果不盡人意，孩子在父母走過的道路上跌倒了，在你為他選擇的舞臺上沒有成功的孩子，也是「你兒子」，也是「跟你同一個模子刻出來的」，即使孩子和你不一樣，也應該得到同樣的愛。

允許他們偏離你的道路，找到他們自己的道路，證明你無條件支持他們。

## 強調孩子優點

當然，從長遠的角度來看，你希望孩子成為最好的自己，生活幸福美滿。細細思考這句話真正的涵義對你會非常有幫助，想見到孩子未來能夠長久的幸福，就要讓他們長成能在世界上發揮作用的成年人，獨立生活，尋求自己的幸福，知道自己的專長。

要當鷹架支持孩子尋找自己的幸福，就要教他持續認識自己的正面特質。「甚至要寫下來，加以強調，以立場一致的方式去看待。」兒童心智研究所心理學家李醫師說，「最近我對一個媽媽說，『你說，你兒子很有趣、很幽默。在接下來的一週，我希望你寫下他跟你說的三個笑話，然後帶來找我，這樣我們就可以著重在這些好的特質上。』這不只是讓父母去提醒孩子他們表現良好的地方，也是幫助父母在孩子身上看到更多的優點。」

如果你執意相信孩子有某個實際上不存在的優點，那就是犯了大錯。

我在矽谷有一對朋友夫妻，那位爸爸叫提姆，五十歲，外表貌似二十五歲。他擅長運動，經常從事戶外活動，他的妻子也一樣，他們就是我常說的「加州健人」，我們一起去爬山，我在後面幾乎跟不上。

他們有個九歲的兒子，名叫伊森，動作有點笨拙，喜歡宅在家，但腦子很機靈。身為獨生子，他像個小大人，會用詼諧的語調和父母開玩笑。

有一個週末，我和他們在一起，很驚訝聽說伊森排滿了運動行程，包括長曲棍球和棒球訓練。

我說：「我不知道他這麼有興趣。」

提姆說：「哎呀，我們其實是想找到他喜歡的運動。」

我看著伊森，他聳了聳肩，看得出來他只是在配合，穿上制服，表現出「樂意嘗試」的樣子。就目前而言，情況還不錯，但到了一個階段，運動會開始講求競爭，孩子們非常投入，非常認真，對於能力較弱的隊友可能表現得很殘忍，而做父母的像瘋子在場邊尖叫，對掉了球的孩子未必會客氣。提姆希望兒子經歷這些嗎？他們是聰明人，很有頭腦，但提姆有一個盲點：他的兒子永遠不會成為他期望中的運動員。

鷹架教養必須辨識孩子所有的優勢以及缺陷。一旦你對實際情況有了清晰的認識，就可以努力將短處變成長處，比方說，受到駕馭的焦慮可以重塑為生產力。我常跟那些父母開玩笑說，如果我不焦慮的話，不可能完成某項獎助研究計畫。

固執可以被重塑為堅持不懈，堅持己見的孩子長大後，可以在某些堅持是成功要素的行業中，發揮堅持不懈的精神，比如法律或科學研究。

十二歲的梅希因為社交焦慮來研究所。她的母親蘇珊擔心女兒永遠交不到朋友，因為她總是一個人坐著，在筆記本上畫畫。我們請梅希把筆記本帶來。原來她在教室裡創作分格漫畫，主角是真人大小的貓咪，故事就像圖文小說。從藝術的角度來看，她的作品非常出色，但我們臨床醫師真正感興趣的，是她如何把人描繪成動物，並且刻劃性格特徵，讓角色變得非常有趣。她的社交焦慮可能讓她不容易與同學交談，不過這沒有阻止她觀察同學與學習社交互動。我們的臨床醫師告訴蘇珊，梅希有繪畫和觀察人性的天賦，這個天分在未來的任何職業，包括心理學，都派得上用場。一旦梅希學會了克服社交焦慮，還可以把她的觀察力發展成人際關係中的應對技巧。原本為女兒的缺陷憂心忡忡的母親，突然驕傲起來，蘇珊的態度一轉變，母女關係也立即有了重大的變化。這一切只需要轉念這個小動作。

## 父母也需要正向增強自己

要給予孩子鷹架支持，你有一項任務要做。強迫孩子去做你成功做過的事情，或者糾正你犯過的錯誤，或者希望孩子和你有相同的興趣愛好，這都是很正常的；但至關重要的是，你要承認自己的偏見，積極質疑其正確性，努力改變自己的行為。

加里是一個十幾歲的男孩，完全沒興趣看電視轉播的職業體育賽事。他的父親艾德做了一輩子紐約巨人隊和大都會隊的球迷，有許多與父親一起去看球賽、參加超級盃聚會的美好回憶。艾德很難接受加里不喜歡這個對他來說是如此重要、特別的東西，因此只要電視轉播大型比賽，就會堅決要求加里坐下來一起看。年紀小的時候，加里會按照父親的要求去做，但巨人隊和大都會隊獲勝時，他無法假裝興奮，也永遠無法達到艾德對他的要求：記住球員的名字，明白體育競賽策略的眉角。父子對彼此失望，這對他們來說都是令人沮喪的事。

到了十幾歲時，加里不出所料開始叛逆了，不是拒絕觀看，就是整場比賽都盯著手機。艾德的態度是：「他是怎麼了？」直到我們的臨床醫師暗示，問題是出在他自己的期望上。醫師建議，不要因為加里不想和他一起看比賽而焦慮不安，他可以自己看，或者和同樣是球迷的朋友一起看。

用獎勵來加強對自己行為的糾正，如果你給自己一些好的東西，就更有可能持續做出正向的改變。熱愛運動的父親艾德放了兒子加里一馬，他可以對自己說：我今天沒有給兒子施加壓力，也沒有在我們之間製造緊張，我，幹得真好！我要用一杯冰涼的啤酒獎勵自己！然後持續喝冰啤酒，加強自己的改變。（拿啤酒做教養工具？你第一次讀到吧。）

如同你想保持身材，與自己約定，如果本週運動三次，就犒賞自己，買一件新外套，或是吃一份美味的甜點。這聽起來很耳熟，因為我在本書前面提到了對孩子使用外在增強物，你用來改變孩子行為的策略，與用來改變自己行為的策略是一樣的。

如果有多個照顧者參與，強化行為就更容易，你們可以像夥伴一樣一起工作，互相幫助。例如，艾德的妻子萊斯莉向加里保證，週日下午做自己的事情沒關係，同時稱讚艾德陪艾德喝啤酒，肯定艾德放下期望的努力。

當每個人都在為共同的目標努力時（如這個例子的目標是父子互相接納的和諧關係），目標就近在咫尺。一旦你開始這種做法，注意到伴侶在他或她經常嘮叨或批評孩子的那件事上讓步了，就稱讚他或她說，「我注意到你沒有把這件事看得很重要，謝謝。」或者「你做得很好，讓事情過去了。」我們愈是讚美自己、孩子、夥伴，包括大家庭和朋友在內的所有人，我們就愈是相互關愛、相互支持、相互鼓勵。

## 到孩子想去的地方

當你放下期望，開始探索孩子的興趣時，很多時候你會發現你們的共同點比你想像的要多。因此，你可能不喜歡藝術，你的孩子可能不喜歡體育，但共同點也許是音樂，你們都喜歡經典搖滾或音樂劇。一旦你破解了，就找到了對你們兩人都有意義的情感連結。

「要找到共同點，你必須接受並願意去做一些你可能不喜歡的事。」李醫師說，「你也得願意和孩子對話，願意聽到你可能不想聽到的事。無條件的支持他們，也就是接受他們喜歡的東西、他們的想法、他們的感受，即使這會讓你感到不快。鼓勵孩子透過參與和嘗試新事物來探索自我，在過程中找到共同點和加深親密感的機會。父母稍微開放的態度和參與的意願對這方面大有幫助。」

李醫師提到了她正在輔導的一個家庭，以及說服一個愛挑剔的父親敞開心扉。「康納十五歲，喜歡滑板和玩電動。他的姊姊萊拉喜歡打籃球。他們的父親保羅和萊拉一樣喜歡籃球，會去看女兒所有的比賽，也與她一起研究適合的大學，康納因此覺得被冷落了。」李醫師說，「我堅決要求保羅去滑板公園看康納，一次就好，並提醒他在那裡應有的禮貌，比如不要翻白眼或大肆評論。」保羅去了，沒有說什麼風涼話，二十分鐘後，當翻白眼的衝動太強烈時就離開了。但這個小小的舉動對康納來說意義深重。「從那時起，幾個月過去了，康納在治療中還會提起這件事，他告訴爸爸，抬頭看到他在那裡感覺非常棒。他們的關係還沒有完全恢復，也絕對稱不上好，但保羅那一次到場觀賞是一個起點。」

保羅對滑板和電動遊戲態度如此消極，因為他懷疑康納會把愛好變成職業。「我問保羅，『你認為你女兒會打入美國女子職籃（WNBA）嗎？』」李醫師說，「我和這個父親可以開始辯論職業運動員與職業電競選手何者是更可行的職業道路，我覺得機率不相上下，但我想要對他說明的是，阻止兒子去做對他來說是很重要的事，是在破壞他們的關係，阻止他們建立情感連結。」

如果你能在孩子小的時候和他一起「做你不想做的事」，你們會建立親密的關係，這關係會延續到他成年。「孩子的工作不是來找你，但去找他們是你的工作，找出他們喜歡的事物，在他們想去的地方加入他們。」李醫師說。

**搭鷹架：**為兒童搭建得到接納的鷹架

**架構**

做出自信決定的能力是一項寶貴的生活技能，讓孩子從幼兒時期就開始做（一些）決定，教他認識「執行感」（sense of agency），也讓他知道你接受他的意見和想法，即使你未必會同意他們。你有否決權，但要給他一些自由度。

**支持**

集中精力肯定孩子的情緒，不強迫他們更像你，參與他們的興趣。嘗試找到親子之間的共同點，你們就可以一起做一些事。

**鼓勵**

> 幫助孩子成為最好的自己，注意並讚揚他們的正向特性，同時也要正視他們的缺點。以身作則，父母接受自己的優勢和缺陷，也請注意這些優點和缺陷。

## 精神疾病的汙名是一種迷思

我在本章前面說過，有兩個因素使父母不能無條件支持他們的孩子，第一個因素與期望有關，第二個呢？父母因孩子的心理健康問題感受到的汙名、恐懼和羞恥。

精神疾病的汙名隨著時代變遷而淡化了，但它仍然存在。診斷是治療的關鍵，但父母往往擔心著跟「永遠」有關的概念，比如「他永遠不會好起來」、「他一輩子都要吃藥」、「他將永遠背負著這個標籤」。

許多人擔心過度診斷、過度用藥，因而斷然拒絕診斷；這些恐懼改變不了「有些孩子確實有問題」的事實，父母需要接受這個事實。

李醫師說：「我現在在輔導一個家庭，那個媽媽就不能讓人說她的孩子有自閉症，孩子快十七歲了，無疑的他患有自閉症。母親知道他有問題，但她不能接受這個詞。我告訴她，孩子確診之前和之後都是同一個人，我們需要一個診斷，因為確實的診斷能提供孩子和父母照顧的必要參考資訊。但診斷並不定義那孩子，他不是一堆被打了勾的選框。如果父母無法接受『自閉症』這個詞或任何診斷，我們可能從一開始就說：『我們不要談這個，讓我們來談談孩子在哪些方面做得很好，他在哪些方面有困難，讓我們談談你為孩子設定的目標，以及這些目標是否符合現實。』我們一再發現，當父母專注於支持孩子實現可行的目標時，他們會更容易接受診斷。」

對於孩子沒有在治療中的父母，我也有同樣的建議：從你的鷹架上，你有著清晰、沒有障礙的視野，可以清楚看到孩子的建築，你能找到他可以發揚的長處，或幫助他重塑局限為優點。

人人都有真正擅長的事，人人也都有需要努力的事。碰到問題沒什麼好丟臉的，不管問題是什麼。與其糾結於標籤（焦慮、憂鬱、強迫症）上，不如把精力集中在能為你的孩子帶來進步的地方。

對於有心理健康問題的孩子來說，專業干預會使他們往前邁進，忽視或否認問題反而使他們退步。

若說每個孩子都有局限，那麼，每個成年人也都有。你的局限可能就卡在放不開孩子的問題，因而無法看到他身上所有的好。

## 正向調整

約書亞兩歲時，我帶他去參加一些活動，驚訝的發現有些與他同齡的女孩口齒流利，能用完整的句子說話，例如，「媽媽，我可以吃一個吐司切邊的花生醬三明治嗎？」那時約書亞只會比手畫腳，說話咬字不清，我還記得我對琳達說，「我們怎麼生了一個遲鈍的孩子？幸好，他長得很可愛！」約書亞的語言發展普通，但與那些發展驚人的小女娃相比，他似乎很悲慘。他竟然不是一個天才，我打擊好大。

到了幼兒園時期，我的看法改變了。他不是不聰明，只是文靜，喜愛沉思，對細節特別注意。幼兒園老師經常戲稱他教授，因為如果他們做事不按照既定順序，他就會說，「不行，你不能那樣做，你違反了順序。」除此以外，他就不怎麼說話了。

約書亞有個不愛交際的舅舅，在我們外甥的生日聚會上，我看到我這個大舅子和約書亞牽手走著，注意到他們非常相似，他們的步態略顯笨拙，耳朵突出。我心想：他遺傳到社交焦慮基因。就像我的同事賴內克恍然大悟，對妻子宣布「我們要養出一個勇敢的孩子！」在生日聚會那天我也發了個誓，「我要養出一個有社交能力的孩子。」我不想把約書亞變成另一個人，他永遠不會成為一個話匣子，但我們可以給他所需的工具，讓他更充分融入這個世界。學會接受孩子的本性，從客觀角度認識到他的長處與短處，支持他朝著正確的方向調整，以合乎現實的期望來糾正問題。

我和妻子開始當鷹架，教約書亞如何與人互動，練習堅定的握手，還教他看著對方的眼睛，直到你能分辨他們虹膜的顏色。我們複習了無數關於「你」的問題，人喜歡談論自己，如果他讓對方開始談論自己，他就不必說太多了。

約書亞讀小二時，有個同學的媽媽在非營利組織擔任負責人，該組織為中央公園籌集維護資金。透過這個媽媽，我們一家獲邀參加公園湖上船屋附近的慈善活動。紐約市公園和娛樂事務專員亨利．斯特恩（Henny Stern）也參加了聚會，他上來向我介紹自己，我接著把亨利介紹給約書亞，約書亞和他握了握手（堅定而不呆板；打勾，做到了）。

我說：「約書亞，斯特恩先生是公園的專員。」

約書亞知道他應該問「你」的問題，他說：「你負責什麼呢？」

「我確保湖水是滿的，馬是吃飽的，草是綠的。」

他們在聊天！我和琳達充滿了信心！約書亞做得很好。

「這是一份非常有趣的工作，你是怎麼得到這個工作的？」他說。

亨利是個相當風趣的傢伙，他說：「你明天去學校的時候，環顧四周，看看你的同學中誰有一天會成為市長，就跟他保持友好關係。」我和琳達都笑了，約書亞聽不懂這個笑話，但那不重要。當亨利說再見時，他和約書亞又握了握手，約書亞靠上去，把臉湊近亨利的臉，好像在做眼科檢查。亨利走後，約書亞說：「他的眼睛是棕色的。」琳達在我耳邊低聲說：「他還需要再練習練習。」

可能真的需要再練習，但是我們已經把一個很少開口的孩子，變成了一個可以在成人聚會上與貴賓自信聊天的孩子。我把這視為在鷹架支持上的一次勝利。

## 感謝自己無條件接納孩子

對父母來說，接納孩子的主要挑戰是：你要做很多困難的適應工作，用鷹架來支持一個你不一定能夠理解的孩子。別指望他們會有多少感激之情，我經常從父母那裡聽到這樣的話，他們付了一堆錢，帶孩子到處去，送他們上學、參加活動、接受治療，得到什麼回報呢？他們還是得咬緊牙關，無止境的支持孩子，即使孩子表現很笨拙，或做出父母知道是錯誤的愚蠢決定。

當孩子有心理健康問題時，養育孩子感覺更像是「只有付出，沒有收穫」。

但是孩子沒有要求出生，他們沒有要求成為焦慮的或有學習障礙的人，他們當然也沒有要求成為憂鬱症患者，但根據二〇一七年一份研究，每一年度美國將有三百二十萬青少年至少一次憂鬱症發作。[60]

## 是悲傷還是憂鬱？

| 正常 | 危險訊號 | 反常 |
| --- | --- | --- |
| ○你的孩子經歷了與特定過程或事件相關的悲傷，他會說：「我難過是因為……」為他的感受給出明確的理由。<br>○哭泣和發洩他的感情可以帶來慰藉。<br>○孩子的悲傷會在幾分鐘、幾小時或一天後消失或減弱。 | ○你的孩子經歷的悲傷與特定的過程或事件無關，他說不出自己為什麼會沮喪，只是說他很沮喪。<br>○當他「情緒化」的時候，他沒有精力，也沒有動力，但當他感覺好一點的時候，就會恢復過來。<br>○哭泣和傾訴不能給他帶來多少安慰。<br>○他的情緒在兩天內就消失了。 | ○你的孩子一天中大部分時間都很悲傷或煩躁，一週中的大部分日子都是如此，這種情況至少維持兩週了。<br>○他對過去熱愛的事情失去興趣。<br>○他改變飲食或睡眠的習慣。<br>○他沒有精力、動力或注意力去做很多事。<br>○他覺得自己沒有價值、沒有希望，或者對錯不在他的事情感到內疚。<br>○他的成績退步。<br>○他有自殺的念頭。如果是這樣，請聯繫心理健康專家，並立即就診。 |

「有一天，我女兒窩在床上，怎樣也不肯出門。」一位十四歲患有憂鬱症女孩的母親說，「我一直試圖要她做那些我知道她喜歡的事情，比如和我一起去逛街，或者出去吃飯，但是每當我要求她做什麼，她就躲到被窩。我真的很氣餒，對她吼了幾次，試著開導她。這些都不管用，無論我說什麼或做什麼，她都不會變正常。」這個母親試圖讓她的女兒變得「正常」，這個企圖絕對無法幫助孩子感覺更好，或強化母女關係。

如果孩子的建築快垮了，你不該在鷹架上大喊：「嘿！別垮啊！」

在這個例子中，媽媽一直告訴女兒，「你不是沒用的！不要再這麼說了！」關愛可能變成批評，相反的，你要用同情心和同理心來對待憂鬱的青少年，詢問她的感受，用心傾聽，但不做批評。你要肯定她的感受，說「我聽到了你的話，也明白你現在真的很難受。」肯定你認為的非理性感覺可能沒有道理，但無論如何，你所做的都是在表達你的接納，這對孩子來說，比任何的「解決問題」都更有意義，也對孩子更有幫助。

不管是憂鬱還是其他情況下，很少有孩子能夠理解和感激你無條件的支持，所以當孩子獲得突破或經歷成功時，感激你自己，這些勝利是你教導他們的結果，是你給予他們的禮物。當一個憂鬱的孩子非常信任你，能夠沒有羞愧內疚的表達自己時，你可以拍拍自己的背。或者當你那個每次考試都驚慌失措的焦慮孩子，終於駕馭了他的焦慮，全科拿到A。或者當你的兒子（那個討厭運動但愛看漫畫的男孩，雖然你覺得尷尬死了，還是帶著扮成蜘蛛人的他去參加動漫展）在漫威工作室找到了一份工作。然後，你可以暗自慶幸自己做了大大小小的事情，讓孩子為人生做了準備。

當我們第一次見到莉亞時，芭芭拉還沒有準備好接受她女兒的複雜問題（學校專家鑑定的問題）。即使在她的女兒接受我們評估後，芭芭拉仍然堅持認為，莉亞是為了引起別人的注意而假裝有症狀。然後，就發生了「地鐵事件」。

「我們當時在地鐵月臺，跟往常一樣要去上城探望莉亞的外婆。」芭芭拉說，「莉亞變得非常不安，拉著我的手臂，說她必須離開那裡。我告訴她只要放輕鬆，車隨時要來了。她說，她感覺胸口緊繃，她需要空氣。我不斷告訴她要冷靜下來，但她卻愈來愈不安，最後她在月臺上完全陷入了恐慌狀態。她的表情很嚇人，她呼吸困難，開始出汗，還緊緊抱著我，好像這是生死攸關的事。我以前從未見過恐慌發作，但這是真的，她不可能是假裝的。沒有人會願意經歷這些。」

芭芭拉設法把莉亞帶出了地鐵站，兩人直接坐計程車回家了。她說：「那是我一生中最悲傷的經歷，我明白我對女兒太壞了，我對她的問題沒有耐心，對那些提醒我注意她問題的老師也沒有耐心，我以為他們在攻擊我，但他們是想幫助我。」

莉亞已經接受了一年的身心治療和藥物治療，我們也輔導芭芭拉接受父母管理訓練，她告訴我：「莉亞為一些小事焦慮時，我仍然會陷入要她『克服它』的模式，見到她扯睫毛，我會說，『不要再扯了。』這句話通常會惹得她哭，然後我就覺得很難過。她不會一夜之間完全改變，我也不會，但我們都在努力。」

突然間，芭芭拉對所有策略抱持著開放態度，她買了一個電子手環，每當莉亞抬手要去拔睫毛時，手環就會嗡嗡作響。當她感覺到嗡嗡嗡的震動時，就知道要放下手，改做別的事，比如，深呼吸，或者散散步。「效果非常好，現在莉亞又有睫毛了，她面對世界時更有自信，我想我比她更感到寬慰。」

芭芭拉從忽略莉亞的問題，到接受問題並同理她，這是一條漫長崎嶇的道路，一旦她做出轉變，莉亞的症狀和母女關係就迅速改善了。

## Ⓣ 釘牢那些踏板！

接受孩子原本的樣子，用愛和關注提供鷹架支持，那麼你就能期待你們的關係和他的未來會變得美好。

### 耐心

對自己要有耐心！要將你所有的期望和恐懼放下，離開熟悉的舒適感，這並不是件容易的事。

| 關懷 | 覺察 | 冷靜 | 追蹤 |
| --- | --- | --- | --- |
| 對自己好一點！當你接受孩子走自己的路時，你會為他沒有選擇你的道路而傷心，對此感到難過是正常的。 | 經常自問「目標是什麼？」和「什麼能讓我的孩子有所改變？」專注於你能做什麼來解決問題，而不是思考哪裡出了問題。 | 當孩子做出決定，探索他自己的快樂之道時，你可能有一些想法和問題想要提出。使用你的機器人語調，不帶情緒、不做批判。 | 當你出現在孩子的活動或治療師的辦公室，請觀察和傾聽，敞開心胸，才能更瞭解他是誰。觀察你的想法和判斷是如何妨礙了自己。 |

# 修復和減少裂縫

# 11

## Repair and Minimize Cracks

當建築愈蓋愈高時，施工團隊也會持續尋找裂縫。並非所有的裂縫都值得注意，有些只是表面，水泥補一補就好。但有些裂縫會讓施工人員停止一切工作，全力進行維修。除了查看建築本身的裂縫外，你也需要檢查鷹架，如果鷹架垮了，就不能為建築提供架構和支持。尋找建築本身的裂縫對施工很重要，讓鷹架保持在維修良好的狀態也同樣重要。

四十四歲的譚雅有四個孩子，老大叫約翰。約翰在中學時是運動健將，但上了高中後，被學長比下去，降為二軍球員。譚雅告訴我：「約翰真的很難過，我想做他的鷹架，所以鼓勵他無論如何都要堅持下去，可以稍微多鍛鍊身體，向教練展現他的決心。我說，『不是你的問題，是你的體格，但你的體格會愈練愈好，沒什麼好擔心的。』他聽了似乎比較開心，也用了實際的方法來解決這個問題，也就是加強鍛鍊自己的體格。我對自己說，『你是個鷹架教養的天才。』」

六個月過去了，譚雅注意到約翰好像時時刻刻都在健身，不過她不擔心。「他和朋友一起練，看起來心情不錯，成績也沒有受到影響。」她說，「他爸爸也加入了，他們一起在車庫裡練舉重，這似乎只有好沒有壞。」

但後來情況走樣了。約翰變得非常挑食，完全不吃碳水化合物，每天灌兩大杯他自己做的高蛋白奶昔。他對自己的飲食和鍛鍊計畫非常嚴格，以致於全家都得配合他來安排外出活動。「八個月過去了，我才意識到我們有問題。」譚雅說：「我拿幾樣東西要放到車庫，看到約翰在那裡一個人練習舉重，他盯著他自己安裝的鏡子中的自己。我有段時間沒見他脫衣服，他的身材完全變了，肌肉變很大，大得很誇張，好像皮膚下的每一根肌肉纖維都清晰可見。他身上一點脂肪都沒有。那一幕使我驚訝又害怕。他原本有著正常運動員的體格，現在這種身材對一個十六歲的孩子來說太離譜了，他聽到我倒抽一口氣，侷促不安的把上衣穿回去。」

譚雅和丈夫忙於照顧另外三個孩子（其中一個孩子有焦慮症），因此忽略了兒子的問題，也和許多人一樣，他們以為男孩不會出現飲食失調。男孩有飲食失調症的機率的確小於女孩，但患者之中大約百分之二十五至三十三是男性，而且這個數字還在快速增高。[61] 譚雅知道要注意她的女兒，看她們是否有不吃東西或飯後馬上去洗手間的跡象，但她沒有留意兒子的情況。她也沒有聽過肌肉上癮症（muscle dysmorphia）或「恐瘦症」（bigorexia），這是一種男孩和男人（多數例子）對增肌走火入魔的病症，跟厭食症患者一樣，他們養成了強迫性的飲食和健身習慣，只是目標相反，他們想變得更壯碩，而不是更瘦削。

譚雅說：「我很自責沒有早點注意到，我該密切觀察他，但我沒有，鷹架支持失敗。」

我安慰她，要她不用責怪自己。誠然，她錯過了一些警告訊號，但她始終在注意其他訊號，比如成績突然退步或社交孤立，這些都沒有發生。

有時你盡了最大的努力，也還是會忽略某些事。你不會注意到女兒的死黨似乎已經從她的生活中消失，或者兒子的歷史考試不及格（直到成績單來了）。你可能老毛病又犯了，嘮叨碎唸、大吼大叫，或者在第九章提到的「後果策略」上鬆懈了，不再嚴格執行。

當你心情低落，「哦，糟糕，我忽略了很多事。」不要把時間精力浪費在內疚上。我的一個朋友，不是心理學家，只是一個控制欲很強的母親，她說內疚是「毫無價值的情緒」。確實如此，內疚對誰都沒有好處，對你最有益的做法是，拿出你自己的應對技能工具箱，開始修復你的鷹架。

## 直接處理問題

如果孩子出現狀況，你覺得不急，把問題放在一邊，打算之後再處理它，這就是一個鷹架支持的裂縫。你事情很多，無法一次做完所有的事，但是，有一些問題不能擱置一旁，比如帶孩子求助家教或醫師一類的專業人士。別猶豫，拿起電話吧。平均而言，在出現第一個症狀後，父母會拖延兩年，才去尋求學習或情緒障礙方面的協助，兩年太久了。孩子接受治療，情況一旦開始好轉，你就會責備自己耽誤了時機。但在大多數情況下，提醒自己，你並不知道該特別留心的跡象，但當你知道了，你就會做出反應。

如果你心中有任何疑問，請上childmind.org網站（有個交互問答工具「症狀檢查器」，幫助你瞭解可能的診斷），或接受評估。患有學習障礙、自閉症譜系障礙、強迫症、過動症、焦慮症和憂鬱症的孩子，愈早接受治療，預後就愈好。[62]

忽視身心障礙不能使這些障礙消失，但是父母往往不覺得接受治療是很緊急的事（即使是不怕被貼上標籤、不會斷然拒絕接受障礙診斷的父母）。有百分之四十可被診斷為過動症的孩子沒有得到治療；以憂鬱症孩童來說，這個比例是百分之六十；至於焦慮症，有百分之八十的人沒有治療。我無意危言聳聽，但美國每年六千多起青少年自殺事件中，百分之九十的個案有心理健康問題。二〇〇七年至二〇一五年間，因有自殺念頭或企圖而被送往急診室的兒童和青少年的人數增加了一倍，在二〇一五年達到了一百二十萬人的高點，代表在美國每分鐘就有兩個有自殺傾向的青少年進了急診室。[63]

以焦慮為例，如果你拖延治療，可以預料孩子會迴避任何加劇他焦慮的情況，逃避使人感覺良好，暫時消除了煩憂，但對解決潛在的問題沒有絲毫助益。孩子若是長年陷在這種逃避的模式，會錯過關鍵的發展里程碑，可能不再交朋友，或者失去了朋友。他在課堂上不舉手，放棄課外活動，曾經提高他自尊的活動現在卻讓他感到尷尬。別等到孩子完全孤立自己，受制於某些障礙，這才去找人商量。除了令人沮喪的行為症狀，這些障礙還會從神經生物學層面改變大腦的運作方式，這樣的改變提升了日後罹患憂鬱症的風險。換句話說，焦慮症不只限制孩子的活動，也危害了他的大腦。

**「你不能強迫我」**

拖延不是父母獨有的行為，青少年往往尤其不願意接受治療。去找治療師，代表他們必須和一個陌生人坐在一個房間裡，揭露他們最深最黑暗的祕密、感受和弱點。除此之外，青少年還擔心被貼標籤，對自己有問題感到尷尬，或者害怕被同儕認為是「瘋子」。由於已經存在的偏見（他們從朋友、媒體或過去的經歷中所聽到的東西）他們可能會認為治療或藥物沒有幫助。

你已經知道要青少年去做他們不想做的小事很難，比如，把垃圾拿去外面倒。一個不情願的青少年正在測試自己的自主權（確實應該要這麼做），因此「我想帶你去找治療師」（也是一種「倒垃圾」）這句話，對他來說會是一個很重大的要求。嘗試使用「轉念」的鷹架策略，溫和勸說一個不安的青少年接受幫助。

治療師只是一個醫師。

如果孩子胃痛，你會去檢查症狀，這種情況也是一樣的，對你的孩子說：「你看起來很不快樂，我們是你的爸媽，我們的工作就是找出問題，讓你的學業和生活都很順利，讓你覺得快樂。你的症狀帶來痛苦，我們希望你去看醫師，讓痛苦消失。這件事我們解決不了，你也解決不了，所以就讓我們向有能力的人尋求幫助吧。」

治療與問題無關。

治療關乎優先事項，不要把治療說成是青少年應該談談自己的問題，不如說這是一個機會，讓孩子談談自己想要什麼，談他的優先事項，而不是你的優先事項。在這個階段，他在尋找什麼？在學業和社交方面，他想加強什麼？如果他根據所關心的事物，把焦點放在自己的利益上，會更願意與專業人士合作。

我理解這種怠惰的衝動。如果你感冒了，你不會立刻看醫師，你會等著它自己好起來。對於孩子的精神疾病，你不見得能識別出症狀，美國醫療保健系統複雜又龐大，要在你的保險計畫中找到一位醫師，然後請假帶孩子去看治療師，可能是一個挑戰。父母也因為諸多原因（離婚、自己的焦慮或憂鬱、經濟壓力等），將孩子的疾病歸咎在自己身上，感覺非常愧疚，於是選擇忽視它。精神疾病不是誰的錯，但現實是，如果你拖延，會讓情況變得更糟。

想當孩子的鷹架，先約一個就診時間，然後從那裡開始。

直到今日，我的二兒子亞當還是堅持認為，我和妻子拖延處理他的讀寫障礙問題。

第一個跡象是在亞當四歲時出現，我們去佛羅里達度了一天假，要離開時，我岳母對我們說：「我喜歡聽亞當說話，但我聽不懂他在說什麼。」

我說：「嗯，他的咬字還不是很清楚。」

「我認為不是咬字問題。」她說，「他說話顛三倒四，讓人難以理解，他說他去參加一個派對，有小丑還有游泳池？講話夾七夾八，我聽不懂。而且他不記得我的名字，他叫我『梅爾的妻子』。」

在回家的飛機上，我對琳達說：「你媽媽不是那種超級積極或是超級消極的人，她給了我們這樣的意見，代表我們必須注意這件事。」

我妻子打電話去托兒所，問他們是否注意到同樣的狀況。所長說：「我不確定每個人都明白他在說什麼，但他沒有因為這樣不說話，他畢竟是男孩子，別擔心。」

但我怎麼能不擔心呢？我找了一個語言治療師為他做評估，經過幾個小時的測試，她把他帶回到等待室，對我們說：「他非常聰明！他在獨立學校入學考試（ERB）一定能夠得到優異的成績。」

「那他怎麼會記不得外婆的名字？」琳達問。

詞彙提取能力是讀寫障礙的症狀之一，但這位治療師向我們保證亞當沒有問題。我轉告他的托兒所，他們替我們聯繫另一位語言治療師，接著亞當的情況明顯好轉，如同第一位專家所預測，他的獨立學校入學考試成績達到了第九十九百分位數的水準。

他進了幼兒園，又進了小學，接著升上了二年級。我們以為，靠著每週兩次語言治療與一堂閱讀輔導，做父母的我們掌握了情況。

然而，亞當小三時，竟然打了一個男同學的鼻子，我們被叫去學校。我知道他不是一個愛動手的孩子，這其中肯定有原因。回家後，我們坐下來和亞當面對面談，原來被他打的那個男孩說他「笨」，其他人也跟著說。亞當說，進小學後，他的數學成績領先兩步，閱讀則是落後三步。那個星期，他們數學課開始做應用題。比如，「小珍有二十元，她想買蘋果，蘋果一顆五元……」他被難倒了，他淚流滿面的說：「我閱讀課被分在『麻雀組』，聰明的同學在『老鷹組』，老鷹會吃麻雀。」

我心想：你不笨，想出這些分組名稱的老師才蠢。

我們請傑出的神經心理學家哈格蒂（Rita Haggerty）博士對他再度進行測試，她說：「亞當的理解力很強，如果你讀給他聽，他可以回答問題，但他不知道如何解讀語言。他已經記住成千上萬的單詞，但是他的記憶庫滿了。當他看到莎莉、蘇珊、莎拉，他知道那是女孩的名字，但他只是用猜的。如果你給他看一個沒有意義的詞，他沒有辦法解讀。」

這是噩耗。我們持續與許多專家合作，亞當也持續努力，而今卻被告知進展甚微。我們有一個亟需解決的問題。

## 這是學習障礙嗎？

「正常」的學習速度和技能個別差異很大，有的孩子總是比別的孩子快，在拼寫、理解和詞彙方面更出色。但是，一個在八歲前不能解讀、拼寫或做筆記的孩子，很可能有讀寫障礙。

你必須明白，讀寫障礙和智力是沒有關係的。正如耶魯大學讀寫障礙和創造力中心主任夏威茲（Sally Shaywitz）博士在她的著作《戰勝讀寫障礙》（*Overcoming Dyslexia*）中所描述，閱讀障礙者的智力往往高於平均水準，他們善於表達，好奇心強，富有想像力和創造力。[64]這種障礙是因為大腦出狀況，而不是智力有問題，這是一個需要處理的問題，而非一個終身判決。如果你的孩子有讀寫障礙症，可能有以下情況：

○學簡單的韻文有困難。

○語言發展遲緩。

○難以遵循指示。

○簡短詞彙對他也是困難的；會重複或省略「和」、「但是」。

○很難區分左右。
○學習閱讀、讀出新字和數音節明顯有困難。
○八歲以後，閱讀時仍然顛倒字母和數字。
○記筆記和從黑板上抄單詞有困難。
○將聲音與字母連結起來、對聲音進行排序有困難。
○連熟悉的單詞都拼不出來。
○閱讀不流暢，當其他孩子能夠快速閱讀時，仍然讀得很慢。
○不願意大聲朗讀。
○閱讀時會出現疲勞的跡象。
○難以理解商標和標誌。
○學習遊戲規則有困難。
○難以記住多步驟的指示。
○看鐘和說出時間有困難。
○學習一門新語言特別困難。
○因為挫折而情緒失控。

我們找到一個一對一專業輔導的密集閱讀訓練課程（每天四小時，持續一個月），這個課程叫「Lindamood-Bell」，可以教我們的兒子如何解讀文字，進而閱讀文字。當時，輔導中心位於麻州的貝爾蒙特，所以琳達和亞當週一到週五去貝爾蒙特，週末才回家。我上班的時候，我的父母幫我照顧約書亞和山姆。四週後，回到紐約，亞當改成每天在家教指導下做一個小時的家庭作業，練習學到的技能。他很有動力，也非常配合，特別是當他發現這樣的輔導是有效果的。

我們還對亞當使用了外在增強物，確保他在這個課程中獲得盡可能多的幫助。

我對亞當說：「如果你好好合作，一天能拿到一美元，但如果你不合作，就只能得到五十美分。」

他說：「怎樣叫合作？」

我說：「如果你給老師擺臉色，你只能拿到五十美分。」

他說：「糟糕，我今天給了她臉色。」

到了夏天結束的時候，他的解讀能力已經到了四年級的水準，我們以為問題解決了，但在學期期間，他需要更多的干預。他每天到學校上課四小時，貝爾（Nancy Bell，也就是課程名稱 Lindamood-Bell 中的 Bell）來紐約，在旅館住了一個月，亞當每天放學後和她一起學習四個小時。這是一筆很大的開支，但我們的兒子必須學會閱讀。

為了讓亞當接受這個治療，我們一家重新安排了生活，現在回想起來，我為我們的處理方式感到驕傲。在亞當四歲到八歲之間，我們沒有找到正確的解決辦法，但當我們終於找到一個有效也有證據背書的課程時，他年紀還很小。

亞當自己認為我們應該更早進行加強工作，不過話說回來，他是一個很緊張的人。夏威茲博士認為，每五個孩子中就有一人讀寫障礙。這也是最常見的學習障礙，百分之二十的人口有這個問題，[65]占所有學習障礙的百分之八十至九十。

兒童心智研究所有一項名為#MyYoungerSelf的運動，旨在消除心理健康和學習障礙的汙名，為了這項運動，我採訪過許多有這個障礙的名人。有一次，我和演員奧蘭多．布魯（Orlando Bloom）就這個問題討論了很久，當亞當見到奧蘭多時，他說：「你告訴我爸爸，讀寫障礙是一份禮物，那是真的嗎？如果是一份禮物，你能告訴我可以把它歸還到哪裡嗎？」

亞當的閱讀速度仍然很慢，寫作也需要全力以赴，我確信他的讀寫障礙影響了他的國中和高中生活，因此他不能接受我、奧蘭多．布魯或任何人把這個缺陷說成了優勢。

但他確實學會了閱讀，學習閱讀的毅力和努力，幫助他進入了布朗大學就讀，後來又申請到哥倫比亞大學商學院。他在他的領域表現出色，對於一個八歲才識字的孩子來說，這已經不錯了。（你得讓我拿他稍微吹噓一下；這是鷹架父母的特有權利。）

另一方面，你會看到有的孩子到了十一年級時都還沒有學會閱讀，他們從體制的裂縫中滑落，也許是靠著朋友幫助勉強過關，但他們的父母沒有給予他們足夠的關注，或者只關心他們的成績，心想：既然沒有不及格，那就沒有問題。但是當他們上大學時，慘劇就會發生了。

我想強調的是，父母需要加強他們自己的努力，而不是注重績效原則。你必須努力去瞭解你的孩子是一棟平房，不是一棟摩天大廈。努力傾聽他們，像亞當的外婆那樣抓住線索，努力為孩子找到能夠教導他們閱讀的專家。你為他們付出的努力，將在他們的成功中得到回報。

## 努力是最重要的事

布萊恩的十歲兒子麥克有過動症，他的情況妨礙到了學習，但還沒有到學業方面需要特別通融的程度（好比拉長考試時間）。但布萊恩教麥克接受學習評估時故意犯錯，以取得申請通融的資格，從而在學業上獲得優勢。

這只能說，錯得太離譜了！叫一個急於討好大人的十歲孩子，故意在評估中取得低分，這是完全錯誤的做法。要當孩子的鷹架，你要稱讚努力、獎勵努力，而不是獎勵成績。一個為了得到C而苦讀幾個小時的孩子，比一個偷懶卻得到A的聰明孩子，更值得稱讚。布萊恩的建議比只看重成績糟糕許多，他是教兒子如何玩弄體制。

永遠告訴孩子盡力而為，永遠不要向他們傳達不該盡力而為的訊息。無論在什麼情況下，父母需要發出立場一致的訊息：孩子應該努力做好，即使做得不好，對他們或多或少都有幫助。

我很想客氣一點，但我不得不告誡布萊恩，他真不該教麥克不要盡最大努力，教麥克欺騙別人。「你會叫麥克在曲棍球比賽犯規放水，故意輸掉嗎？」我問。這句話似乎打動了他，他相信學習評估得低分對兒子的未來有幫助，但如果他確實想得長遠一點，教兒子作弊後果更嚴重。

孩子並不完全瞭解欺騙他人的風險，他們可能相信自己有足夠的小聰明，結果卻陷入嚴重的麻煩。

讓一個十歲的孩子瞭解，人有時會說一些別人無法分辨真假的事（善意的謊言），這種能力能讓你在不想對別人友善時對別人友善。從心理發展角度來說，讓孩子明白這件事是合適的，但是，不可以過早教孩子可以欺騙人。

即使是真正有困難的孩子，也該一直盡力嘗試。社交互動已經夠複雜了，何必還要額外讓他們面對不必要的層巒疊嶂呢？誠實確實是上策，你應該和孩子就各種社交情境，以及誠實和努力工作的好處等經常對話，這種對話是無可替代的。

## 嘗試保持彈性

你可能覺得你必須堅持原來的行動，或者「最終決定」，即使你意識到它是錯的或者有缺陷的。讓那個決定過去吧，沒有規定你必須要堅持任何決定，你可以從頭來過，不是所有的事情都可以商量，但許多決定和選擇可以、也應該重新評估。

更重要的是，孩子到了適當的年齡後，應該要參與決策過程。如果你能坐下來說：「上次我錯了，我發現我做了一個錯誤的決定，所以我們來談談現在該怎麼做。」你這是在樹立妥協、深思、靈活和謙遜的好榜樣，透過承認你的錯誤，向孩子傳達什麼才是真正重要的，也就是「沒有人會一直都是『對的』」。

盡早進行這些談話（從五歲到七歲之間開始），為你的孩子提供鷹架，讓他們一生都能輕鬆調整改變。

假設父母中的一方對某件事說好，另一個說不好，媽媽爸爸沒有事前溝通好，於是你們陷入了困境。這其實是一個大好良機，讓孩子知道爸媽也是凡人，就跟小孩一樣，誰都有失誤的時候。所以，如果有必要道歉，那就道歉吧，修正錯誤，然後繼續前進。

幾年前，我的同事布斯曼醫師在研討會旺季經常不在家，所以她向兒子道歉了。她說：「我九月出門了三、四天，十月又有兩個研討會。在第二趟旅行的前一天晚上，我跟兒子說晚安，並說『我明天要去聖地亞哥。』他很不高興的說，『媽媽，你才去過芝加哥，現在又要去聖地亞哥，太多了。』我聽了很傷心，但我不能不去開會。我說，『傑克遜，你說得對，太多了，這對你和我來說都太多了。』」

布斯曼醫師很難過必須出遠門。「我回我的房間哭了，心想：我是個混蛋。我向自己發誓，也在早上告訴傑克遜，只要我完成了答應的工作，我再也不會常常出門了。」她說，「我一直謹記著這個例子，因為我承認了錯誤，說出『我聽到你的心聲，我很抱歉。』這個例子也關係到工作和做一個母親之間的平衡，我本來可以說，『你跟爸爸可以獨自在家，那不是很好玩嗎？』或者說，『你知道，我出門一定會帶東西回來給你。』但那只是我讓自己感覺好過一點，這種話只是像一道煙幕，否定了孩子的感受，最好的做法就是承認他的感受，也承認我自己的感受，開口道歉，然後未來設法改變。」

父母也有從鷹架失足亂發脾氣的時刻。辛蒂有一個七歲的兒子賈馬爾，辛蒂告訴我：「哦，我真的搞砸了，我這次真的失控了。」我做好了聽到可怕故事的準備，結果她告訴我她怎麼妥善處理了一次棘手情況。沒錯，她是生氣了，她接工作上的電話時，賈馬爾連續三十五次問她同樣的問題，這種事誰遇到了都會惱怒。

「我對著他大吼，要他閉嘴。」她說，「他哭了，我感覺很糟，我給他一個擁抱，然後說，『嗯，我生氣了，對不起，我提高了嗓門，但是在我和別人說話時，你不能這樣做，你這樣我怎麼講電話！』」

我向辛蒂保證，她做得很好，她畢竟也是一個有情緒的凡人。她發脾氣，這對母子兩人來說都是一個學習的機會：賈馬爾學會了在媽媽講電話時不去打擾她；辛蒂則是發現，她以為糟糕的教育方式其實也不錯。

我們大多數人在互動時都懷著最大的善意，只是在傳遞過程中失去了善意。沒關係，只要你能承認錯誤，說聲「對不起」就好。

## 限制電視時間和節目風格

大多數父母讀過關於孩子螢幕時間的那份知名備忘錄，也能理解其中的建議，但有太多人沒有堅持用鷹架策略陪同孩子一起看孩子的節目。即使你會陪孩子看電視，也監控孩子在家裡接觸到什麼內容，仍然需要留意他們在朋友家和其他地方看到了什麼。

「我女兒讀小一時，因為其他小孩接觸到一些媒體，有過一段複雜的經歷。」兒童心智研究所兒科神經心理學家克魯格（Matthew Cruger）說，「那個節目的社交互動以刻薄和諷刺為特點，以此製造節目效果，孩子從電視上看到的對話，往往不像大多數真實的社交互動那樣合理正常。在家我們不會那樣說話，但女兒的朋友模仿節目，他們會說，『如果你和另一個女生出去玩，我就要你的命。』女兒聽了十分困惑和不安。」

當你聽到孩子使用某種特定的語氣，或者說出你不贊成的用語，你需要跟孩子討論一下那些新訊息是從哪裡來的，以及它給人聽起來的感覺如何。

克魯格醫師說：「那個節目想傳達的宗旨是人們應該友好相處，但是劇中人物溝通的語氣太令人討厭了，因此宗旨被忽略了，反而像是一句諷刺哏。孩子看這個節目沒有表現出友善，反而學到了諷刺的交流方式。」

許多學校正在努力開發一種早期課程，讓孩子學習課堂上的社交技巧和情感溝通，不要只是嚴格注重課業。但是，即使這個課程有一天發揮效用，你教給孩子的社會情感課程，也應該由你來設定價值觀，不要把這種責任推卸給學校或電視。

不是要怪你！陪孩子看電視的要求，以及你的其他責任，無疑讓你倍感負擔，要求父母抓住每一個機會，與孩子交流他們的價值觀和經驗，確實很難，有時逼不得已，也只能讓步說，「好吧，去看電視吧。」

但是如果你要樹立價值觀，就確實必須坐下來和孩子一起看電視，在節目出現諷刺語言時有所反應，比如說，「這句話沒有反映出角色的真實感受，她不是真的想殺她的朋友。」

我明白這很耗時間，但花時間和孩子交流，和他們談論社會互動的眉眉角角，真的是無可取代的。

㊄搭鷹架：為兒童搭建維護的鷹架

**架構**

定期檢查家規和價值觀的裂縫，一有裂縫就補。

**支持**

向伴侶、朋友或家庭成員尋求鷹架支持的幫助，問自己，「我最近做為父母是不是常常碎唸、吼叫、不耐煩、不知變通？」你期望孩子接受糾正回饋，當你收到回饋時也要接受。

**鼓勵**

即使你放任一些事不管，也要讚揚自己為培養孩子所做的努力。要成為完美的父母是不可能的，所以對犯錯的自己不要太苛刻。

## 不要忘記你的基本訓練

還記得在第四章中，我談到「父母管理訓練」、親密感增溫儀式、以及不做批評的優質親子時間嗎？當孩子長大了，想有更多的時間和朋友在一起時，就很難保持這種狀態了。

進了中學，孩子世界觀從家庭生活轉向課外社交生活，這也是你開始試水溫、允許他們擁有社交媒體帳號的時候（最好在你的監督和指導下）。無論如何，孩子在家的時間愈來愈少，當他們在家時，他們不是在玩手機，就是關著門在臥室打電腦。

青少年肯定比小學生需要更多的獨處時間，但是你仍然可以期待且要求他們，要他們在住家公共區域待上一段合理的時間，即使他們也只是忙著玩電腦。

在八年級之前，讓孩子在開放空間寫作業，與其他家庭成員同處一室，如果最後演變成一場嚴重的爭執或辯論，你可以抓住機會教他們解決紛爭的方法，而不是一味堅持他們按你的方式去做。

也就是說，即使你的孩子恰好深諳談判技巧，青少年的獨處時間，也得要與家庭互動保持平衡。

數十年來，我幫助過許多家庭接受治療，對於兒童和青少年心理學和教養策略，我們有豐富的知識，但我們不會低估一家共桌吃飯的影響力。

礙於生活作息，你們未必可以天天一塊吃飯，所以如果無法達到「每週共進晚餐三次」的黃金標準，也不要對自己過於苛刻。但這個古老的標準和傳統值得嚮往，如果你每週只能安排一次培養家庭親密感的儀式，那也總比沒有來得好。

## 少嘮叨為上策

據說，嘮叨行為有很高的再犯率。你必須提醒自己，就像我們每天提醒諸位父母一樣，嘮叨不是一種有效的激勵手段，當你停止碎唸後，你會看到孩子改善行為，但是如果孩子有點懈怠，你可能會又開始嘮叨。如果你覺得你不能信任孩子，像是不信任他們能自動自發寫作業，那麼你需要發揮超人般的自我控制，不要去檢查他們，而是抛出一句話：「你該做作業了。」如果孩子說：「你該不要管我了。」那麼雙方的互動將直接走下坡路。

孩子非常不願意跟你吵架，尤其在家庭作業方面。嘮叨說明了你對孩子的學習態度和能力缺乏信心，要避免（再次）嘮叨，就要專注在信任和尊重上。首先，讓他列出晚上要完成的作業，然後說：「我想你肯定會有一個完成所有任務的計畫，如果沒有，我可以幫你做計畫。」如果他說他可以自己做，你可以時不時探出頭來問他要不要喝點什麼，除此之外，你就別管了。

如果孩子沒有完成任務，你可以幫助他規劃時間表，讓他獨立完成作業，但不要大吼或嘮叨。要讚揚並強化他的努力，也要獎勵他完成任務。獎勵不一定是金錢，可以是讓他選擇週五晚上全家去哪家餐館，這是一種雙贏做法，能進行加深親密感的儀式，又能發揮正向增強的作用。

**搭鷹架：**為青少年搭建維護的鷹架

**架構**

不管你和你的孩子有多忙，都要抽出時間一起做你們都喜歡的事情。全家一塊吃飯，這個古老的備案，是增進感情和互相關心的好時機。

**支持**

聽聽你自己的聲音，一旦聽到自己的嘮叨或吼叫，你就知道孩子已經完全沒在聽你說話了。

**鼓勵**

做最好的自己，來激勵孩子成為最好的自己。通過實踐來塑造和強化你想在孩子身上看到的行為。

回到譚雅的故事。她十六歲的兒子約翰過度耽溺於鍛鍊肌肉，導致了飲食和運動失調。譚雅原先就有一個孩子接受我們的照顧，所以她要尋找可以幫助約翰的人很容易：她直接打電話到兒童心智研究所。

但她的經驗不是常態，在尋找適當的協助和給孩子尋找合適的醫師的過程中，父母經常遇到問題，在此提供一條經驗法則：在通常的情況下，你需要和兩三個醫師談談，再決定要跟哪一個醫師合作。

約翰第一次來治療時，治療師獲悉教練和足球隊其他球員給了他很大的壓力，逼得他不得不將身體練壯，而且走火入魔的孩子不只有他一個。譚雅對兒子的支持揭露了他們社區其他孩子的危險，我們知會並告誡了該收到知會的人。

這提醒我們，當你做自己孩子的鷹架，影響力可能逐漸擴及其他家庭，讓大家受益。果然，養育一個小孩，需舉全村之力。

後來，約翰的情況改善了。

「他飲食正常，但他仍熱中健身，」譚雅說，「我們和約翰商量後，他把不是練球時間的健身限制在每天三十分鐘內，我每天晚上都會問問他情況，盡量不多嘴。他會翻白眼，好像我很煩人，但我看得出來，他很高興有我陪著，也很高興我關心他。終究這才是真正的鷹架支持，我們都在盡最大努力做到最好，養育出一個好人。」

陪著孩子，關心孩子。

譚雅只用幾個字，就給鷹架教養做了完美的總結。

## Ⓣ 釘牢那些踏板！

替孩子搭建鷹架，最好的辦法就是在你的踏板上站穩。

| 耐心 | 關懷 | 追蹤 |
| --- | --- | --- |
| 無論孩子讓你多麼「抓狂」，深呼吸，提醒自己，養育孩子可能看似沒有盡頭，困難重重，但孩子其實一下就長大了。當他們長大成年離家後，曾讓你抓狂的事可能是你所懷念的。如果你能把這種觀點帶入鷹架教養，也許就能召喚出兩秒鐘的停頓，在你用另一種方式反應之前找到耐心。 | 沒有父母在回顧自己當鷹架的那幾年時會說：「真希望孩子小時候還脆弱的時候，我對他們更冷酷更嚴格一些。」你是他們關懷和關愛的泉源，即使他們抵擋你的關懷和關愛，你的心中要永遠保持同樣的熱情。 | 除非養成檢查自己的習慣，否則你不可能知道自己從正確位置偏離了。所以每個月，當你做一些例行公事，比如付貸款或繳房租時，問問自己：「我的鷹架支持做得怎麼樣？」進行必要的修復。 |

# 結語・當鷹架拆除時

# Conclusion:
When the Scaffold Comes Down

鷹架其實撐不住建築，它提供架構、支持和引導，但承擔不了重量。因此，如果承包商提前拆除鷹架，未竣工的建築或許可以獨自屹立，卻不一定能夠安全居住，但這阻止不了違規入住者。如果暴風雨來襲，或者建築受到任何外部壓力，牆壁塌了，可能有人會受傷。你知道接下來會發生什麼事：職業安全衛生管理單位介入，過早拆除鷹架的承包商遭到起訴。

如果你太早拆除教養鷹架，沒人會通知職業安全衛生管理單位，但這麼做仍然太過輕率。你要使孩子的建築務必能夠獨自屹立，安全入住，因此，最大的問題是……

## 孩子準備好了嗎？

當一個青少年或兒童說，「我可以自己來，我不需要你。」嚴格來說，這可能是真的，他們可以自己綁鞋帶，或者開車去購物中心買舞會要穿的禮服。但他們的建築工程未必完成，他們沒有能力搬出去，找一份工作、繳稅、獨立生活。

舉個例子，你的女兒或兒子自己開車去購物中心買舞會禮服或燕尾服，但半路上車子沒油了，他們困在高速公路上，嚇得不知如何是好。或是他們到了購物中心，錢包被偷了。如果他們到了鷹架可以拆除的時機，他們就能像成年人一樣處理狀況，找警察、報案，以有效的戰略方式安慰自己。

我們為孩子提供鷹架，引導他們走向「我能做到」的自我效能（self-efficacy），這是一種積極的能力和獨立感。我們要帶領他們遠離相反的觀點，即「我做不到」，一種無能和依賴的消極感覺。你要逐步培養他們樂觀的精神，相信未來會有美好的事情，但同時也要培養一種精神，那就是「無論發生什麼，我都能應付」。

這種能力認知來自於從錯誤中學習，他們自己動手，自己克服困難。孩子能夠培養出這些適應技能，是因為你的示範、你的強化、你的引導。

為了鼓勵孩子，你說，「我知道很困難，但我認為你能處理好，你不會有問題的。」這時，你就是強化了能力認知，你不是說「你是世界上最棒的！」或者「你最遜！」，而是根據他們過往的經驗和成功來鼓勵他們。

當孩子感覺到他能夠處理壓力時，就可以拆除部分的鷹架。

那什麼是真正成熟的徵兆呢？

當錢包在購物中心被偷時，孩子先報警，然後才打電話給你。孩子搬去新的城市，自己找醫師、找公寓、找工作。如果孩子總是先打電話給你說：「我需要一個水管工。」那麼他還不能自立，也就是還不能做自己的鷹架。

另一個準備就緒的徵兆，是史丹佛大學心理學教授卡蘿．杜維克（Carol Dweck）所說的「成長心態」，也就是「我能學會它」。比如說，他試圖自己找水電工，結果被敲了竹槓，如果具備成長心態，他就會說：「好吧，這次被騙了，但我下次知道要先判斷。我被敲竹槓只是因為沒有做足功課。」成長心態不認為失敗有什麼大不了，失敗是需要解決的問題，而你終究會想出辦法。

當孩子遇到他無法處理的問題時，如果他的反應是「我不夠聰明」或「我不夠好」，那麻煩大了。你要做更多的鷹架支持，給予鼓勵和支持，引導他培養成長心態、應對策略和自我效能。

如果他能從容應對挑戰，抱著自己能夠學會解決問題的意識，也確實能夠解決問題，那麼鷹架又有一部分可以準備拆除了。

你可能更喜歡用數據來衡量孩子的準備情況。

在治療中，我們會按部就班評估進展，病人每一次接受治療後，醫師都會回答，「與上次相比，孩子的情況是差很多／更差／稍差／稍好／更好，還是好了很多？」連續三次治療的回答是「更好」或「好了很多」，那麼每週一次治療就可改為兩週一次或一個月一次。

用類似的標準來衡量你的鷹架是否可以拆除了，你可以問，「我的孩子是否能夠為自己發聲、替自己爭取權益呢？」為自我發聲與爭取權益的技能，這是你一直以來在培養的技能：做出明智的決定、解決問題、設定目標並達成目標、自我覺察、EQ、為自己站出來、自己完成事情，或自己尋求適當的幫助。

如果在百分之八十五的情況下，答案是肯定的，那麼該領域的鷹架就可以拆下來了。

我們與艾瑞克一起努力了幾年，幫助他管理他的焦慮症，當他要申請大學的時候，他的焦慮症很可能會成為致命傷。但是，在他父母的指導和支持下，艾瑞克勤奮的為了申請過程中對他來說壓力最大的部分，也就是入學面試做準備。

每一次面試前，他都練習回答可能遇到的問題，這個做法大幅緩解了他的症狀。當面試官隨機提出一個話題詢問艾瑞克想法，而艾瑞克不知道怎麼回答時，他就會心臟狂跳、手心出汗。原本可能以災難做結，但他的父母為他搭建了良好的鷹架，他也能夠為自己搭建鷹架。他知道要立即開始使用對策，像腹部深呼吸，然後重複一遍問題，讓自己有時間冷靜下來，想想該說些什麼。

艾瑞克最後進了第一志願，我們不得不為他的毅力和韌性感到無比驕傲。倘若他的父母在他的童年時期沒有給他架構、支持和鼓勵，他可能掌握不了這些面試，也可能不會被他真正想讀的學校錄取。他的父母沒有害怕他的診斷，沒有忽視它，也沒有把它當成是負面的。他們允許他嘗試和失敗，給他糾正回饋和標籤式稱讚，教他說出自己的情緒，從錯誤中學習，並從錯誤中站起來。

當你的孩子掌握了這樣的生活技能，不需要你的指導就能做到，那麼鷹架可以拆了。

當你的孩子能夠自我激勵，從內心感受到成就感和肯定時，那麼鷹架可以拆了。

當你的孩子能夠主張自己的需求時……

當你的孩子能夠表達情緒，利用情緒更深入瞭解自己時……

當他不害怕站出來，向他的老師、老闆、朋友、夥伴提出自己的需求……

即使孩子好像能夠好好為自己發聲與爭取權益，但你也可能會誤解情況，太早拆除鷹架。好消息是，你隨時可以把鷹架重新搭回去。我一個朋友為他的女兒珍妮搭了堅固的鷹架，對她寄予厚望，期望她將來會成功。他沒有理由擔心女兒適應不了大學，但是把女兒送去學校不到一週，她就開始每天晚上打電話回家，通報新的問題：她交不到朋友、她忘了報名參加科學實驗室、她壓力很大、她沒吃飯。

珍妮適應大學的那條路崎嶇不平，並非她的父母在她成長過程中沒有給予足夠的支持和鼓勵，只是她的鷹架需要重新搭回去，再維持一段時間，進行必要的修復。

這就是鷹架的妙處之一，它可以拆除，可以根據需要往上加蓋，可以圍繞整個建築，也可以只搭蓋一部分。

我建議珍妮的媽媽不要急著飛撲搭救，而是繼續採取她在女兒童年時使用的鷹架策略：滿足孩子的情感需求，用心陪伴；讚揚正向積極的自發性行為；如果需要的話，幫助她找醫師或家教來支持她；肯定她的感受，鼓勵她運用自己的應對技巧。最終珍妮適應了大學生活，她的成就感是她自己的，她充滿了自信。

然後，她的父母開始抱怨她太少打電話回家了。

他們很想念女兒，但這就是鷹架教養成功帶來的滿足感——有苦也有樂。我們都希望孩子自信能幹，善用本書討論的十項策略，你會為他們提供所需的一切，使他們達成他們自己的，以及你的所有期望。

## 而你準備好了嗎？

出於本能，你會想保護你的孩子，但你不可能保護他或她遠離生活中的每一個逆境，你能做的是幫助孩子學會獨立面對，否則就是養成他們的依賴性，讓他們覺得自己無法獨立生活；那樣做傳遞了錯誤的訊息。

當孩子準備好了，鷹架可以拆了，你自己也要做好準備。

你可能謹慎，所以不願拆除，比方說，「如果我的孩子需要我，而我不在那裡怎麼辦？」但是，你要提醒自己，你其實還在。你就站在那裡，從建築外側欣賞著風景，只是不再圍繞著建築。

身為父母，我們一生都在照顧、引導我們的孩子，當他們在高中開始變得獨立時是如此，等他們進了大學更是如此。然後，他們找到了工作，搬出去住，給我們的生活留下一個大洞。我們建立了什麼，然後突然間，那個什麼沒了，我們得找點東西來填補這個空白。

但是如果父母說「我會永遠照顧你」，這不是一個愛的故事，而是一個恐怖的故事！你必須給孩子光線和成長的空間。

「我在辦公桌上擺了一張女兒邁出人生第一步的照片。」賴內克醫師說，「葛瑞絲當時大約十四個月大，我們在伊利諾州埃文斯頓的一個玫瑰園，她扶著花園四周低矮的磚牆東倒西歪的走，我和妻子則在看別的東西。突然間，葛瑞絲從牆邊轉過身，開始向我們走來，我妻子立刻拿出相機拍下那張照片。葛瑞絲離牆只有三步遠，她的手舉在空中，滿臉笑容。她放開支撐物的興奮表情每天都提醒著我，什麼是我們正在努力實現的目標。她向我們邁出了第一步，學會了最終將她從我們身邊帶走的那個技能。」

從你孩子建築的第一塊磚開始，從你鷹架的第一塊踏板開始，你和孩子就在持續不斷的連結和溝通中一塊上升成長。

鷹架是這座建築施工的重要部分，工具和材料透過鷹架送上去，鷹架提供引導與支撐，也提供安全網，接住墜落的碎片。

到了最後，當建築竣工那日到來時，鷹架就成了多餘的東西。

記住，並且再一次提醒自己：鷹架本來就不會永久存在。鷹架的目的是提供架構和支持，當日子一天天過去，它必然變得愈來愈不重要，最後根本不需要了。

拆除鷹架可能讓你覺得緊張，但如果孩子準備好了，鷹架就得拆了，否則只是阻礙視線而已。

拆除鷹架是你的榮耀時刻，你可以退後一步，帶著自豪和喜悅的心情，欣賞你守護著孩子建起的出色堅固建築。然後，你可以開始打造完全屬於你自己的新建築。

# 謝詞

我要感謝很多人，感謝他們對於本書和兒童心智研究所的貢獻。

首先，我要感謝我的經紀人Michael Carlisle，他叮嚀我寫這本書叮嚀了很多年，如果他沒有堅持，恐怕我是不會動筆。感謝Eliza Rothstein非常細心體貼陪著我寫完這本書。Marnie Cochran是一百分的編輯，她的意見和專業知識將本書提升到最高水準，我找不到更聰明的出版合作夥伴。

非常感謝才華洋溢的作家Valerie Frankel，她與我密切合作，把我所有的故事和策略寫下來，幫助我將一頁大綱發展成一本精采好書。也要感謝介紹我認識她的Dana Points。

兒童心智研究所的使命是提供最高標準的護理，改變那些對抗心理健康和學習障礙的孩子的生活。對我來說，是否適合加入我們的研究所，有一個簡單明確的判斷原則：我是否願意將自己的孩子託付給他們。我們每位臨床醫師都通過了這個測試，由於他們，兒童心智研究所才能如此特別。他們促成了《鷹架教養：養成堅韌、耐挫、獨立與安全感，守護孩子長成自己的建築》的核心概念的形成，我要特別感謝那些在書中加入他們的聲音和故事的醫師：David Anderson、Jerry Bubrick、Rachel Busman、Matthew M. Cruger、Jill Emanuele、

Jamie M. Howard、Stephanie Lee、Paul Mitrani、Mark Reinecke。

我們的研究人員在發表論文之前無私的分享數據，讓我們得以加快發現的腳步，此舉既高尚又務實。感謝研究部副部長 Michael Milham 和他率領的出色的團隊。

特別感謝我們的科學研究委員會，委員會由來自全國頂尖學術醫學中心的研究人員和科學家組成，感謝他們的智慧和支持。

感謝我們的執行董事 Mimi Corcoran，以及包括 Annie Clancy、Brett Dakin、Julia Burns 在內的領導團隊，他們確保火車準時運行，幫助我實現願景。

一個無序的計畫（還有我無序的生活）要有秩序，那就少不了 Blythe Gillespie。

通訊部在 childmind.org 網站上向大眾推廣鷹架支持教養原則，與我們的研究人員和臨床醫師的使命同樣重要。非常感謝編輯主任 Caroline Miller 和新聞發言人 Haleigh Breest 的奉獻和辛勤工作。特別感謝通訊部特別計畫主任 Harry Kimball，總是讓我聽起來很聰明，他也為這本書做了一些研究。

我要感謝兒童心智研究所董事會，感謝他們對我創建研究所的願景和夢想給予無盡的支持和信心，他們不畏困難，相信我們可以成為一個獨立的全美非營利組織。在此特別感謝：聯合創辦人與聯合主席 Brooke Garber Neidich、聯合主席 Ram Sundaram、聯合創辦人與副主席 Debra G. Perelman。感謝董事會成員慷慨提供了時間、創造力、智慧與財務支持：

Arthur G. Altschul, Jr.、Devon Briger、Lisa Domenico Brooke、Phyllis Green Cōwen、Randolph Cōwen、Mark Dowley、Elizabeth Fascitelli、Michael Fascitelli、Margaret Grieve、Jonathan Harris、Joseph Healey、Ellen Katz、Howard Katz、Preethi Krishna、Christine Mack、Richard Mack、Anne Welsh McNulty、Julie Minskoff、Daniel Neidich、Zibby Owens、Josh Resnick、Linnea Roberts、Jane Rosenthal、Jordan Schaps、Linda Schaps、David Shapiro、Emma Stone。感謝慷慨的捐贈者Helen Schwab、Chuck Schwab、Linnea Roberts、George Roberts、Devon Briger、Pete Briger。感謝由西岸諮詢委員會領導的舊金山灣區支持者和朋友，包括Megan Barton、Harris Barton、Cori Bates、Ashlie Beringer、Suzanne Crandall、Stacy Denman、Abby Durban、Eve Jaffe、Ross Jaffe、Liz Laffont、Andrea McTamaney、Karen Lott、Ronnie Lott、Jen Sills、Christine Tanona、Angelique Wilson，感謝你們協助兒童心智研究所在美國東西兩岸成立診所。

感謝我們的第一個企業贊助商Bloomingdale's百貨公司，當時還沒有主要全國性品牌把兒童心理健康當成他們推廣的理想。我要感謝Anne Keating的堅定支持，感謝前執行長Michael Gould聽從她，也感謝我的朋友Frank Berman和執行長Tony Spring將合作關係提升到新境界。

多年來，在我們的公共教育運動和活動中，我們有很好的機會與演員、作家、音樂家、記者、企業家、政治家和其他著名的創意人士合作，他們做了很大的努力，把我們的訊息帶給各地的人們。感謝Reese Witherspoon、Kevin Love、Jesse Eisenberg、Charles Schwab、Lindsey Stirling、Whoopi Goldberg、Lorraine Bracco、Naomi Judd、Brian Grazer、Trudie Styler、Orlando Bloom、Gov. Gavin Newsom、Goldie Hawn、Glenn Close、Katie Couric、George Stephanopoulos、Ali Wentworth、Cynthia McFadden、Elizabeth Vargas、Secretary Hillary Rodham Clinton、Jimmy Buffett、Michelle Kydd Lee、Adam Silver、Bill Hader、Kim Kardashian、Jim Gaffigan、Mark Ruffalo、Al Roker、Deborah Roberts、Meredith Vieira、Patrick Kennedy、Scott Stossel。

在我的職業生涯中，我有幸遇到許多傑出的導師和同事，他們分享了自己的才智、支持和愛。我感謝他們所有人，尤其是Ruth Westheimer、Avi Gistrak、Rachel Klein、Robert Cancro、Gaye Carlson、Bennett Leventhal、Cathy Lord、Kathleen Maragakis、Virginia Anthony和已故的Don Klein等諸位醫師。

非常感謝我睿智的導師、出色的朋友和忠誠的支持者：Rachel Klein醫師、June Blum醫師、Ron Steingard、Virginia "Ginger" Anthony、Brian Novick、Alex Brisco、Emary Aronson、Daniel Lurie、Ronnie Lott、Wes Moore、Kenneth Cole、Nancy Lublin、Michelle Kydd Lee、Bennett Leventhal、Cathy Lord、Kathleen Mergangis、Geoffrey Gund、Sarah Gund、Klara

Silverstein、Larry Silverstein。

看著我的兒子亞當和兒媳 Zaneta 如此自然的教養我的孫子傑克遜，我感到非常喜悅。

謝謝我的姊姊 Edith Koplewicz 總是能讓我歡笑。

當你有一個摯友時，生活會輕鬆很多。我很幸運，從醫學院開始，Brian Novick 一直是我的朋友。感謝他的支持，感謝他從別人的幸福中獲得如此大的快樂。

最後，你可能聽說過，每個成功的男人背後都有一個偉大的女人。我的妻子，琳達，沒站在我或誰的背後，她一直站在我身邊，總是問我什麼是真正重要的，讓我專注於我們的家庭和生活的目標。謝謝你，琳達，謝謝我們現在、過去和將來的一切。

# 注釋

## 第二章

1．Reinecke, L., Hartmann, T., and Eden, A. "The Guilty Couch Potato: The Role of Ego Depletion in Reducing Recovery Through Media Use." Journal of Communication, 2014.

2．Mikolajczak, Moïra, Gross, James J., and Roskam, Isabelle. "Parental Burnout: What Is It, and Why Does It Matter?" Clinical Psychological Science, August 2019.

3．Roskam, Isabelle, Raes, Marie-Emilie, and Mikolajczak, Moïra. "Exhausted Parents: Development and Preliminary Validation of the Parental Burnout Inventory." Frontiers of Psychology, February 2017.

4．Mikolajczak, Moïra, and Roskam, Isabelle. "A Theoretical and Clinical Framework for Parental Burnout: The Balance Between Risk and Resources." Frontiers in Psychology, June 2018.

5．尋找父母支持團體（不論有或無特殊需求兒童），請上網站childmind.org/groups。

## 第三章

6．Dickson, D. J., Laursen, B., Valdes, O., et al. "Derisive Parenting Fosters Dysregulated Anger in Adolescent Children and Subsequent Difficulties with Peers." Journal of Youth and Adolescence, 2019.

7．Storch, Eric A., et al. "The Measure and Impact of Childhood Teasing in a Sample of Young Adults." Journal of Anxiety Disorders, 2004.

8・Rosenthal, R., and Jacobson, L. Pygmalion in the Classroom. Holt, Rinehart and Winston, 1968.

9・Merten, Eva Charlotte, et al. “Overdiagnosis of Mental Disorders in Children and Adolescents (in the Developing World).” Child and Adolescent Psychiatry and Mental Health, 2017.

10・Sultan, Ryan S., et al. “National Patterns of Commonly Prescribed Psychotropic Medications to Young People.” Journal of Child and Adolescent Psychopharmacology, 2018.

11・Madsen, T., Buttenschøn, H. N., Uher, R., et al. “Trajectories of Suicidal Ideation During 12 Weeks of Escitalopram or Nortriptyline Antidepressant Treatment Among 811 Patients with Major Depressive Disorder.” The Journal of Clinical Psychiatry, 2019.

12・Cuffe, Steven P. “Suicide and SSRI Medications in Children and Adolescents: An Update.” American Academy of Child and Adolescent Psychology, 2007.

第四章

13・Hales, C. M., Carroll, M. D., Fryar, C. D., and Ogden, C. L. “Prevalence of Obesity Among Adults and Youth: United States, 2015–2016.” NCHS Data Brief, 2017.

14・Sutaria, S., Devakumar, D., Yasuda, S. S., et al. “Is Obesity Associated with Depression in Children? Systematic Review and Meta-Analysis.” Archives of Disease in Childhood, 2019.

15・Perle, J. G. “Teacher- Provided Positive Attending to Improve Student Behavior.” TEACHING Exceptional Children, 2016.

16・American Psychiatric Association. Diagnostic and Statistical Manual of Mental Disorders. American Psychiatric Publishing, 2013.

17 · Brestan, E. V., and Eyberg, S. M. "Effective Psychosocial Treatments of Conduct-Disordered Children and Adolescents: 29 Years, 82 Studies, and 5,272 Kids." Journal of Clinical Child Psychology, 1998.

18 · Evans, Steven W., Owens, Julie Sarno, Wymbs, Brian T., and Ray, A. Raisa. "Evidence-Based Psychosocial Treatments for Children and Adolescents with Attention Deficit/Hyperactivity Disorder." Journal of Clinical Child & Adolescent Psychology, 2017.

19 · Kross, E., Berman, M. G., Mischel, W., Smith, E. E., and Wager, T. D. "Social Rejection Shares Somatosensory Representations with Physical Pain." Proceedings of the National Academy of Sciences of the United States of America, 2011.

第五章

20 · Eisenberg, Nancy, et al. "Parental Reactions to Children's Negative Emotions: Longitudinal Relations to Quality of Children's Social Functioning." Child Development, April 1999.

21 · Holland, Kristin M., et al. "Characteristics of School-Associated Youth Homicides—United States, 1994–2018." CDC, January 2019.

22 · Karnilowicz, Helena Rose, Waters, Sara F., and Mendes, Wendy Berry. "Not in Front of the Kids: Effects of Parental Suppression on Socialization Behaviors During Cooperative Parent–Child Interactions." Emotion, 2018.

23 · Washington State University. "Emotional Suppression Has Negative Outcomes on Children: New Research Shows It's Better to Express Negative Emotions in a Healthy Way Than to Tamp Them Down." ScienceDaily, 2018.

24・Jankowskia, Peter J., et al. "Parentification and Mental Health Symptoms: Mediator Effects of Perceived Unfairness and Differentiation of Self." Journal of Family Therapy, 2011; Jurkovic, Gregory J. Lost Childhoods: The Plight of the Parentified Child. Routledge, 1997.

25・Cigna's U.S. Loneliness Index, 2018: https:// www .multivu .com/ players/ English/ 8294451 -cigna - us - loneliness -survey/.

26・American Psychological Association, Stress in American Survey, 2018. Gen Z research: https:// www .apa .org/ news/ press/ releases/ stress/ 2018/ stress -gen -z .pdf.

27・Gottman, John, and Silver, Nat. The Seven Principles for Making Marriage Work: A Practical Guide from the Country's Foremost Relationships Expert. Random House, 2015.

28・Pinto Wagner, A. Up and Down the Worry Hill: A Children's Book about Obsessive-Compulsive Disorder and Its Treatment. Lighthouse Press, 2000.

第六章

29・Lieberman, M. D., et al. "Putting Feelings into Words: Affect Labeling Disrupts Amygdala Activity in Response to Affective Stimuli." Psychological Science, May 2007.

30・關於如何就各種主題進行重要對話的指南，請上網站childmind.org/bigtalks。

31・Rideout, V. "Generation M2: Media in the Lives of 8-to 18-Year-Olds." Kaiser Family Foundation, 2010.

32・Council on Communications and Media. "Children, Adolescents, and the Media." Pediatrics, November 2013.

33 · Child Mind Institute. Children's Mental Health Report: Social Media, Gaming and Mental Health. 2019.

34 · Wong, P. "Selective Mutism." Psychiatry, March 2010.

35 · Coles, N. A., et al. "A Meta- Analysis of the Facial Feedback Literature: Effects of Facial Feedback on Emotional Experience Are Small and Variable." Psychology Bulletin, June 2019.

## 第七章

36 · Vygotsky, L. S. Mind in Society: The Development of Higher Psychological Processes. Harvard University Press, 1978.

37 · Medina, J., Benner, K., and Taylor, K. "Wealthy Parents Charged in U.S. College Entry Fraud." The New York Times, March 2019.

38 · Gonzalez, A., Rozenman, M., Langley, A. K., et al. "Social Interpretation Bias in Children and Adolescents with Anxiety Disorders: Psychometric Examination of the Self-report of Ambiguous Social Situations for Youth (SASSY) Scale." Child Youth Care Forum, 2017.

39 · 有關心理、情緒和身體發展指標，請上網站childmind.org/milestones，或美國兒科學會的育兒入口網站www.healthychild.org。

40 · https:// www .princeton .edu/ news/ 2018/ 12/ 12/ princeton -offers - early - action - admission - 743 - students - class -2023

41 · Kahneman, D., and Deaton, A. "High Income Improves Evaluation of Life but Not Emotional Well-Being." PNAS, 2010.

## 第八章

42・Perry, N. B., et al. “Childhood Self-Regulation as a Mechanism Through Which Early Overcontrolling Parenting Is Associated with Adjustment in Preadolescence.” Developmental Psychology, 2018.

43・“Helicopter Parenting May Negatively Affect Children’s Emotional Well-Being, Behavior.” APA.com, 2018.

44・Mischel, W., and Ebbesen, E. B. “Attention in Delay of Gratification.” Journal of Personality and Social Psychology, 1970.

45・Mischel, W., Shoda, Y., and Rodriguez, M. I. “Delay of Gratification in Children.” Science, 1989.

46・Mischel, W., et al. “Preschoolers’ Delay of Gratification Predicts Their Body Mass 30 Years Later.” The Journal of Pediatrics, 2013.

47・Mischel, W. The Marshmallow Test: Mastering Self-Control. Little Brown, 2014.

48・Mischel, W., et al. “Behavior and Neural Correlates of Delay of Gratification 40 Years Later.” PNAS, 2011.

49・Alloy, L. B., Abramson, L., et al. “Attribution Style and the Generality of Learned Helplessness.” Journal of Personality and Social Psychology, 1984.

50・Mills, J. S., et al. “ ‘Selfie’ Harm: Effects on Mood and Body Image in Young Women.” Body Image, 2018.

## 第九章

51・Perle, J. G. “Teacher- Provided Positive Attending to Improve Student Behavior.” TEACHING Exceptional Children, 2016.

52 · Zoogman, S., et al. "Mindfulness Interventions with Youth: A Meta-Analysis." Mindfulness, 2014.

53 · Abbasi, J. "American Academy of Pediatrics Says No More Spanking or Harsh Verbal Discipline." JAMA, 2019.

54 · Tomoda, A., Suzuki, H., Rabi, K., Sheu, Y. S., Polcari, A., and Teicher, M. H. "Reduced Prefrontal Cortical Gray Matter Volume in Young Adults Exposed to Harsh Corporal Punishment." NeuroImage, 2009.

55 · "How to Give a Time-Out," American Academy of Pediatrics via healthychildren .org

56 · "Oppositional Defiance Disorder." American Academy of Child and Adolescent Psychiatry, 2019.

57 · Knight, R., et al. "Longitudinal Relationship Between Time-Out and Child Emotional and Behavioral Functioning." Journal of Development & Behavioral Pediatrics, 2019.

第十章

58 · Huynh, M., Gavino, A. C., and Magid, M. "Trichotillomania." Seminars in Cutaneous Medicine and Surgery, 2013.

59 · O'Connor E., et al., "Do Children Who Experience Regret Make Better Decisions? A De velopmental Study of the Behavioral Consequences of Regret." *Child Decelopment*, 2014.

60 · Depression stats per the National Institute of Mental Health, 2017. https:// www .nimh .nih .gov/ health/ statistics/ major -depression .shtml

第十一章

61．Lavender, J. M., et al. "Men, Muscles, and Eating Disorders: An Overview of Traditional and Muscularity-Oriented Disordered Eating." Current Psychiatry Reports, 201
62．想識別兒童心理健康障礙的跡象和檢查孩子的症狀，網站childmind.org/symptomchecker可提供你相關資訊。
63．Burstein, Brett, et al. "Suicide Attempts and Ideation Among Children and Adolescents in US Emergency Departments." JAMA Pediatrics, 2019.
64．Shaywitz, Sally. Overcoming Dyslexia: A New and Complete Science-Based Program for Reading Problems at Any Level. Vintage, 2008.
65．http:// dyslexia .yale .edu/ dyslexia/ dyslexia -faq/
66．Wilson, K., et al. "Marijuana and Tobacco Co-exposure in Hospitalized Children." Pediatrics, 2018.

國家圖書館出版品預行編目（CIP）資料

鷹架教養：養成堅韌、耐挫、獨立與安全感，守護孩子長成自己的建築／哈羅德·科普萊維奇（Harold S. Koplewicz）著／呂玉嬋譯　初版 -- 臺北市：遠見天下文化出版股份有限公司，2022.11
面；　公分. --（教育教養；BEP074）
譯自：The Scaffold Effect: Raising Resilient, Self-Reliant, and Secure Kids in an Age of Anxiety
ISBN 978-986-525-839-9（平裝）
1.CST: 育兒 2.CST: 親職教育 3.CST: 兒童心理學
428.8　111014963

教育教養 BEP074

# 鷹架教養

## 養成堅韌、耐挫、獨立與安全感，守護孩子長成自己的建築

**The Scaffold Effect: Raising Resilient, Self-Reliant, and Secure Kids in an Age of Anxiety**

作者—— 哈羅德・科普萊維奇（Harold S. Koplewicz）
譯者—— 呂玉嬋

總編輯—— 吳佩穎
人文館資深總監—— 楊郁慧
副主編暨責任編輯—— 吳芳碩
校對—— 魏秋綢
內頁設計與封面構成—— 白日設計
內頁排版—— 張瑜卿

出版者—— 遠見天下文化出版股份有限公司
創辦人—— 高希均、王力行
遠見・天下文化 事業群榮譽董事長—— 高希均
遠見・天下文化 事業群董事長—— 王力行
天下文化社長—— 林天來
國際事務開發部兼版權中心總監—— 潘欣
法律顧問—— 理律法律事務所陳長文律師
著作權顧問—— 魏啟翔律師
社址—— 臺北市 104 松江路 93 巷 1 號

讀者服務專線——（02）2662-0012 ｜傳真：（02）2662-0007；2662-0009
電子郵件信箱—— cwpc@cwgv.com.tw
直接郵撥帳號—— 1326703-6 號　遠見天下文化出版股份有限公司

製版廠—— 中原造像股份有限公司
印刷廠—— 中原造像股份有限公司
裝訂廠—— 中原造像股份有限公司
登記證—— 局版台業字第 2517 號
總經銷—— 大和書報圖書股份有限公司　電話：(02)8990-2588



出版日期—— 2022 年 11 月 7 日　第一版第一次印行
2023 年 11 月 17 日　第一版第三次印行
定價—— NT450 元
ISBN —— 978-986-525-839-9 ｜ EISBN： 9789865258412（PDF）；9789865258405 (Epub)
書號—— BEP074

天下文化
BELIEVE IN READING